RED CREATIVITY DESIGN WORK YEARBOOK

2019 红创奖设计年鉴

东易日盛 编

中国电力出版社
CHINA ELECTRIC POWER PRESS

红创奖
RED CREATIVITY

内容提要

《2019 红创奖设计年鉴》甄选全国优秀室内设计作品，展示中国主流室内家装设计的最新潮流风尚，以及行业设计发展的思考和方向。为了确保收录作品的原创性和独创性，以及年鉴的严谨性与学术性，所有作品都通过严格筛选，以"传承、创新、艺术、应用"为依据，优中取优，最终精选代表高质量、高水准的设计作品，具有很高的参考价值，是一部不可或缺的案头设计宝典。

本书为 "红创奖"设计大赛获奖作品集，收录并展现了 88 套荣获住宅空间组、商业空间组、学生组不同类别的优秀室内空间设计作品，并以精炼的文字介绍了作品创作思路、设计理念及手法，为设计师提供思路及案例，为普通大众提供设计生活的优质样本，是一部雅俗共赏的设计图集。

图书在版编目（CIP）数据

2019 红创奖设计年鉴 / 东易日盛编 . -- 北京 : 中国电力出版社 , 2020.1
ISBN 978-7-5198-4029-7

Ⅰ . ① 2… Ⅱ . ①东… Ⅲ . ①室内装饰设计－作品集 －中国－现代 Ⅳ . ① TU238.2

中国版本图书馆 CIP 数据核字 (2019) 第 253369 号

出版发行	中国电力出版社
地　　址	北京市东城区北京站西街 19 号（邮政编码 100005）
网　　址	http://www.cepp.sgcc.com.cn
责任编辑	曹　巍 (010-63412609)
责任校对	王小鹏
责任印制	杨晓东

印　　刷	北京盛通印刷股份有限公司
版　　次	2020 年 1 月第一版
印　　次	2020 年 1 月北京第一次印刷
开　　本	889mmX1194mm　16 开本
印　　张	11.5
字　　数	360 千字
定　　价	218.00 元

Contents
目录

RED CR

FLOURIS

RED CREATIVITY
DESIGN AWARD
红创奖设计大赛

EATIVITY
HING AGE

红创盛世

有一种语言，叫"设计"。有一群人，叫"设计师"。有一种红，叫"中国红"。更有一份至高荣誉，叫"红创奖"。一抹中国红，一个筑造梦。2019红创奖踏梦前行，怀揣着"为未来美好生活而设计"的初衷，炽热绽放，带你一步步叩开重塑未来的梦想之门，去迎接中国家装行业的未来。

红创伊始
RED CREATIVITY BEGINNING

美好生活是人们追求的目标，而设计的不断发展方能成就"美好生活"。从这个层面来说，高含金量的设计体现了一个企业对行业、对消费者的责任与担当。东易日盛欣赏每一个怀揣梦想、才华横溢的设计者，尊重所有汗水和智慧凝聚的作品。带着这份对行业的责任和对设计的尊重，红创奖由此诞生！这里，集结行业精英设计师，带动以设计为原动力的"传承／创新／艺术／应用"，以设计精神向未来发声，用设计照亮生活。

红创由来

红 —— 不仅是光的原色，也代表炽热的情感，更是设计赋予世界的热度。

创 —— 不仅是创意的设计，也是对美好生活的开拓，更是设计新时代的使命与责任。

奖 —— 不止是荣誉，也是专业的赞许，更是向上的攀登。

用"红创"命名这个奖项，寄托了对设计师的无限期待和对美好生活的殷殷向往，也蕴含着"以纵观古今的情怀，兼通中外的视野，改变中国家装行业和人们未来生活"的期望。

RC	+	X	+	∞	+	▢	=	红创奖 RED CREATIVITY
英文字母 RED CREATIVITY		X：未来 探索的精神 开启未来之门		无穷号 创意的思想 智慧的碰撞		三维空间 多变的空间 不一样的世界		

红创初衷

为未来美好生活而设计

红创使命

助力中国新一代设计精英成长

红创赛事

评审阵容 / Review Board

为保证评选活动的专业性和公信力，评审团由指导单位代表、行业机构代表、院校专家、特邀设计大咖、国内外知名设计机构代表、媒体机构代表共同组成重磅级评委团，高学术、深互动、全方面地参与大赛的各环节中。

评审维度 / Judging Criteria

以"传承与创新"设计为出发点，以"艺术与应用"共融为落脚点。

传承 INHERITING　创新 INNOVATION　艺术 ART　应用 APPLICATION

红创平台

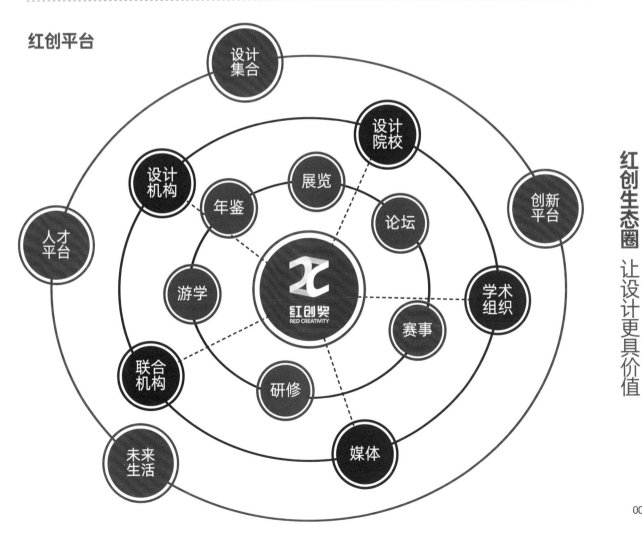

红创生态圈　让设计更具价值

红创历程
RED CREATIVITY HISTORY

设计，不是静止的"名词"，而是要付出行动的"动词"，当设计能够集结人才、融汇思想，并传递理念时，它就有了"行动的力量"。为设计而呐喊，为创意而喝彩，为美好而设计，为梦想而创建。红创奖，为未来不断前行。

全新启程
万众期待、再燃新势

2019 红创奖设计大赛全新出发，特邀中国建筑学会室内设计分会担当学术指导，设立业界设计评审团队，力求打造行业重量级专业设计赛事。大赛得到全国设计机构、设计类高等院校的支持参与，并联合多家媒体机构进行多渠道推广。作为一个行业内新兴设计赛事，红创奖本着"为未来美好生活而设计"的初衷，致力于助力中国新一代设计精英成长。此次大赛集结了全国青年原创设计力量，打造了全国优秀设计师推介与交流平台，为中国的设计行业注入更多活力与创意。

2019 年红创大赛面向全国优秀设计师进行招募，赛区覆盖北京赛区 / 华北赛区 / 华东赛区 / 江浙赛区 / 西北赛区 / 华中赛区 / 华南赛区七大赛区，同时进行全国 34 城联动，以设计论英雄。在奖项设置方面进行了全面扩容，除了住宅空间组外，还加入了商业空间和学生毕业设计的奖项评选，并特别设立了面向学生的"红创奖年度新锐设计"奖项。强大的专家阵容、大众的投票评选机制，引发更广泛的社会关注，也保证了"红创奖"的开放性、学术性、专业性、公正性。

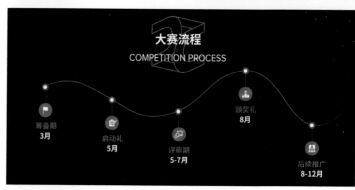

大赛流程
COMPETITION PROCESS

筹备期
3月

启动礼
5月

评审期
5-7月

颁奖礼
8月

后续推广
8-12月

启动盛典
设计时代、耀世启幕

2019 年 5 月 8 日，"红创中国·设计时代——室内设计人才发展论坛暨红创奖设计大赛启动礼"在宝格丽大酒店盛大举行，标志着 2019 红创奖大赛的全新启航。来自中国建筑学会、中国建筑学会室内设计分会、全国工商联家具装饰业商会、东易日盛集团、J&A 杰恩设计、建筑营设计工作室、邱德光设计事务所、集艾室内设计（上海）有限公司等 20 余位学界、室内设计机构、家装行业领域的权威嘉宾，以及 300 余位全国室内设计精英、行业人士、媒体代表齐聚一堂，共同见证 2019 红创奖设计大赛的开启盛典。

全新定义 / 行业助力

中国建筑学会秘书长仲继寿先生、中国建筑学会室内设计分会理事长苏丹先生、全国工商联家具装饰业商会副秘书长李博维先生上台依次致辞，站在行业的高度，充分肯定红创奖的价值内涵，同时也对红创奖提出了更高的要求和期许。东易日盛集团副总裁兼集团投后事业部总经理徐建安先生以《2019，不一样的红创奖》为题，对红创奖进行了深度的解析。

众人携手 / 共铸红创

本届红创奖驻足创新与发展的主题，秉持严谨的评审原则，汇聚多方专家组建"红创智襄团"，评审阵容再度升级。启动典礼当天，中国建筑学会室内设计分会秘书长陈亮先生、清华大学美术学院环境艺术设计系主任宋立民教授、东易日盛外籍建筑设计师毕达宁先生、邱德光设计事务所主持人暨总设计师邱德光先生、J&A杰恩设计董事长暨总设计师姜峰先生、集艾室内设计（上海）有限公司总经理兼设计总监黄全先生、中央美院建筑学院韩文强老师、东易日盛特邀顾问姜喜龙与高红玉老师、网易家居全国总编辑胡艳力女士共同展开红创奖评委委员会成立的卷轴，接受大赛评委会评审顾问的特殊使命。随着嘉宾按下启动装置，第二届红创奖的新篇章就此拉开。

评审对决
寻找中国好设计

大赛组委会共收到来自全国百余城市的参赛作品2000余套，进入线上投票阶段的入围作品共343套，同比去年增加30%。从今年参赛地区及各地征集到的参赛作品数量来看，均创新高。来自室内设计、建筑、传媒、学术等维度的专业评审们，见证了各奖项荣誉的诞生。

作品评审 / 层层选拔

在初审和复审中，评审采取参赛作品匿名制和百分打分制，评委以专业、公平、公正的态度为参赛作品进行评选，并逐一打分。赛事组委会综合作品评审分数排序，甄选优秀作品晋级下一轮评选。最终经过初评、复评数轮专家评审的层层选拔，一批风格独特、富有创意、融入艺术、彰显人文关怀的设计佳作进入总决赛，它们既是大赛"传承、创新、艺术、应用"四个维度追求的绝好诠释，也是国内室内设计水平的集中体现。

智慧较量 / 技艺切磋

2019 年 7 月 8 日，"当燃不让——2019 红创设计峰会暨红创奖全国总决赛"在京津冀大数据创新应用中心举行。来自不同地区的 11 位商业空间、住宅空间设计师及 4 位高校优秀学生相聚于此，进行专业组和学生组的现场答辩。9 位特邀专家评委、行业领袖、媒体机构代表莅临现场，他们是：中国建筑学会室内设计分会副理事长 / 北京建筑大学设计艺术研究院院长、教授陈静勇；中国建筑学会室内设计分会理事 / 美国《室内设计》中文版董事长、出版人赵虎；东易日盛集团董事长陈辉；意大利建筑师 / 室内设计师 / 东易日盛建筑设计师毕达宁；北京联合大学创意学院艺术设计系姜喜龙老师；集艾室内设计（上海）有限公司副总经理兼设计总监李伟；北京欣邑东方室内设计有限公司品牌总监张曼子；中国建筑学会室内设计分会秘书处刘伟震；网易设计全国主管张金燕。以赛促思、以赛促创，在一场高手与高手之间的精彩对决后，第二届红创奖评审工作圆满结束！

红创盛典
星光璀璨、极致荣耀

这是一个被设计改变的时代，这是一个为荣耀加冕的时刻

2019 年 8 月 16 日，"红创中国·设计共生——中国未来设计发展论坛暨红创奖颁奖礼"在北京诺金酒店精彩绽放。来自中国建筑学会、中国建筑学会室内设计分会、全国工商联家具装饰业商会、东易日盛集团、清华大学美术学院、北京建筑大学、北京集美组、邱德光设计事务所、吕永中设计事务所、TCDI 创思国际建筑师事务所、集艾室内设计（上海）有限公司等 50 余位学界、设计机构、家装行业的特邀嘉宾，以及 500 位来自全国的室内设计精英、行业人士、媒体代表们，共同见证了红创设计盛典。

设计共声 / 思辨未来

盛典开始前，中国建筑学会秘书长仲继寿先生、全国工商联家具装饰业商会秘书长张仁江先生、红创奖始人东易日盛董事长陈辉先生上台依次致辞。作为本次红创盛典的重头戏，中国未来设计发展高峰论坛由梁建国和吕永中两位设计大师领衔开启，为大家带来了精彩的主题演讲。在论坛"巅峰对话"环节上，中外设计精英、设计行业领袖、知名媒体人代表——吕永中、梁雯、覃思、陈辉、毕达宁、姜喜龙、胡艳力为中国设计共同发声。在新中国成立 70 周年之际，探讨新时代背景下中国人居生活方式的变化，期望唤起业界对于"中国居住生活设计"的关注与思考。

设计之王 / 荣耀加冕

盛典现场揭晓了备受瞩目的 2019 红创奖设计大赛各大奖项。自 2019 年 3 月至 8 月初，5 个月的时间，红创奖从全国优秀设计作品征集，历经海选、初审、复审、全国总决赛，最终诞生 5 大类 300 余项荣誉奖项，红创奖大奖的揭晓也点燃了盛典的第一个高潮。

跨界艺术 / 设计无界

红创盛典不仅是一场思想的盛宴，也是一场艺术的盛宴。两位特邀舞蹈艺术家开启充满创意与浪漫气息的奇幻艺术之旅。设计无界，美好共生。红创奖参赛设计师的《创新》《传承》《艺术》《应用》四幅画作及艺术家广也特别创作的《共生》红创主题艺术画在本次设计秀中展出。红创奖试图让设计真正走入公众，走入生活。这样设计师和艺术家倾情绘制的作品也将作为特别礼物，住进客户的家中。

红迹米兰 / 游学启动

作为设计界的风向标——米兰，可谓是设计师梦寐以求的设计圣地。本次主办方也将米兰作为2020年红创国际游学项目的首站。红创奖创始人、东易日盛总裁杨劲女士个人出资20万元作为本次米兰游学专项金，并在现场亲自为设计师代表颁发了游学专项金，成为盛典的又一个难忘时刻。

能够用脚步丈量世界，感受意大利设计的艺术之美，对于每一个设计师来说都是难得的机会。主办方希望通过游学交流活动，让国际化的设计思想带动更多设计师对于设计提升的思考，吸纳和融合国际化的设计理念，创造更多优秀的设计空间。未来，红创奖也将持续关注青年设计师的成长，助力中国新一代设计精英走向世界舞台。

传递美好 / 成为更好

作为东道主，东易日盛为特邀嘉宾准备了红创礼物，希望藉由这些非遗艺术作品将感谢和祝福送出，也将"为美好生活而设计"的红创愿景传递给更多人。设计共生，美好可期。相信，红创奖的未来将成为行业具有价值引领意义的赛事，让设计为企业、为消费者和用户带来更多的价值，为人们创造更美好的生活！

展望未来
致美设计、共筑未来

红创奖是传承也是发展，是现在也将是未来。它以"传承、创新、艺术、应用"为标准，寻找最佳设计作品。在选拔优秀作品和优秀设计师的同时，也为整个家装设计行业搭建起一个广泛交流的综合平台。交流互动不光在领奖台上，还在奖项评选之外。全国范围内的作品巡展、设计分享、研修游学等活动让"红创"不仅是东易日盛创办的一个设计赛事，其形成的"生态"也将让我国整个家装设计行业获益。2020，我们继续砥砺前行。

RED CRI
DESIGN S

RED CREATIVITY
DESIGN AWARD
红创奖设计大赛

EATIVITY
YMBIOTIC

设计共生

中国设计与新时代同行，与新中国共生。1949~2019，我们的居住和生活都发生了巨大变化。光阴流转 70 年，人们对美好生活的更高向往，从未止步。致敬中国设计，集结设计精英。设计众生，为中国设计发声，审视当下，思考未来。红创奖以设计之名，开启一场与时代共生，与未来相约的设计盛典！

DESIGN

RED CRI

红创寄语
RED CREATIVITY MESSAGE

无论是红创奖的发展还是设计界的发展，都离不开众多设计师、设计机构、高校、行业组织，以及政府、媒体的共同推动，正因为有了大家的努力，设计产业才能持续健康良性的发展。设计需要"共融和美"的情怀及"世界大同，和合共生"的智慧，红创奖的未来也等待着更多力量的加入，期望更多有志之士、合作伙伴与我们一道，共同打造红创平台，助力中国设计产业发展。

中国在奖励制度方面，正在做着深入地探索和改革，特别需要像东易日盛这样的龙头企业，发起奖项，引领行业发展，这是非常值得鼓励和倡导的。中国的室内装饰行业的发展，呼唤着更多创新设计人才的涌现。作为孕育人才的创新平台，希望红创奖能够为行业培养、输出更多卓越的室内设计人才。

—— 中国建筑学会秘书长
仲继寿

身处设计新时代，设计正在改变每一个人，我们应该为当下有像东易日盛这样有责任感的企业感到振奋与鼓舞。红创奖设计大赛的举办将会促进室内设计文化的发展，同时进一步推广正确的价值观。

—— 中国建筑学会室内设计分会理事长
清华大学艺术博物馆副馆长
苏丹

红创奖非常有意义，"红"代表激情与责任，"创"代表创新，这是国家、行业、企业都值得提倡的，站在这种格局上服务行业，发展企业，才是与时代同频共振。伴随行业的发展，出现了一批优秀的企业，作为行业领军企业应该在做好企业的同时，积极承担行业责任，这也是属于东易日盛的情怀。我们的设计需要面向大众，为大众服务，才能使设计领域有更大、更广阔的空间和市场。

—— 全国工商联家具装饰业商会秘书长
张仁江

美好生活是人们的追求，只有设计不断创新发展，方能成就"未来美好的生活"。企业首先是一个组织者，希望通过企业的力量让红创奖越来越好，对整个行业与产业产生强大影响力。同时它也是一个策划者，希望红创奖与设计产业的融合度越来越高，将美好生活的创意落地，带给企业、消费者、用户更多价值，让创新设计成为推动行业发展的火车头。

—— 东易日盛集团董事长
陈辉

无论设计行业如何迅速发展，作为设计师首先要坚守设计的初心，其次设计是一个多维度的学科，我们要涉猎储备多方面的知识，关注国家政策、地方政策和行业变化，更要不断地创新设计，才能拥抱更好的未来。希望红创奖能成为顶尖设计人才的摇篮，成就一批具有时代担当的设计人物。

—— 中国建筑学会室内设计分会秘书长
中国中元国际工程有限公司环艺院院长
陈亮

红创奖作为一个冉冉升起的新兴赛事，自2018年诞生以来备受业界关注和期待，目前已成为行业的知名设计赛事。希望红创奖能引领行业，让好的设计走进大众生活。

—— 全国工商联家具装饰业商会副秘书长
李博维

为美好的生活而设计是我们不变的初心，红创奖也将助力中国新一代设计精英向世界迈进。希望年轻的设计师们能在提升专业技能的同时，打开设计的视界，有更大的格局，带着爱和灵魂去设计，把每个设计变成会说话的、有力量的作品。

—— 东易日盛集团总裁
杨劲

对于红创奖的未来，我们希望它可以持续不断地办下去，也希望在这个平台上发现并推广更多好的设计作品和好的设计师，最后希望通过红创奖，能够助力中国室内设计发展，为更多消费者实现他们对美好生活的向往。

—— 东易日盛集团副总裁
集团投后事业部总经理
徐建安

有"工匠"精神的专业设计师是家装行业的财富，我们应该好好地发掘、培养，为整个行业创造更多价值。东易日盛是家装行业最注重设计的公司，是产生高品质作品的公司，是设计师最好的摇篮，更应为行业树立领先的标杆。

—— 东易日盛集团副总裁
A6 业务兼速美子公司总经理
孔毓

设计师不是艺术家，不能要求客户做你的主角。因为客户有他的个性，有他的品味。所以，你首先要了解他。我们不仅要帮业主做设计，重要的是帮他完成他的梦想。现在世界变化太快了，重要的是要与时俱进。什么时候，什么时代，做什么事情，你必须要拿捏准确，这样你就永远不会在这个设计行业里被淘汰掉。

—— 邱德光设计事务所主持人暨总设计师
邱德光

设计师是可以去改变，让自己变得更有意义的一个职业。做设计首先要学会放松，放松是为了明天可以做得更好，把自己放的简单一些，调整自己用不同的方式去做设计，去解决人与社会的问题。做设计还要学会更踏实，花的时间比过去多，才有可能赢得未来。

—— 制造·中 创始人
北京集美组创意总监
梁建国

设计与我们生活密切相关，特别是对生活的创新，设计有着不可估量的推动作用。希望红创奖在实现让生活更美好的同时，在设计领域产生更大的引领作用。年轻设计师应该向历史学习，总结历史创造的经验，将现代科技与艺术更好结合。

—— 中国建筑学会室内设计分会副理事长
北京建筑大学设计艺术研究院院长
陈静勇

ZHONG JI SHOU
仲继寿

CHEN HUI
陈辉

YANG JIN
杨劲

QIU DE GUANG
邱德光

SU DAN
苏丹

CHEN LIANG
陈亮

XU JIAN AN
徐建安

LIANG JIAN GUO
梁建国

ZHANG REN JIANG
张仁江

LI BO WEI
李博维

KONG YU
孔毓

CHEN JING YONG
陈静勇

LV YONG ZHONG 吕永中

SIZA CHAM 覃思

Karin Tenplin

YANG LIN 杨琳

JIANG FENG 姜峰

HAN WEN QIANG 韩文强

LI HONG DI 李鸿娣

SONG LI MIN 宋立民

HUANG QUAN 黄全

ZHAO HU 赵虎

LIANG WEN 梁雯

DANILO BELTRAME 毕达宁

JIANG XI LONG 姜喜龙

ZHU NING KE 朱宁克

设计只为人们对美好生活的向往

用设计表达时间，将根植于长远历史中的答案通过设计去营造。设计的视角是大爱，设计这个行业在社会中，除了要发现问题、解决问题，还需要用巨大的努力去改变现状，让生活更加美好，希望红创奖为设计赋能，让好设计成就好生活。

—— 中国建筑学会室内设计分会副理事长
半木品牌创始人兼设计总监
吕永中

红创奖是一个年轻的奖项，但起点很高。同时，"为未来美好生活"的切入点也很好，为室内设计师们赋予了时代的使命感。希望红创奖未来做得更加深入、全面，让更多设计师参与到大赛中来，并发掘更多优秀的人才，也为行业提供更多、更好的创意。由此，红创奖也将在整个行业打出更高的知名度，以推动行业的良性发展。

—— 中国建筑学会室内设计分会常务理事
J&A 杰恩设计董事长暨总设计师
姜峰

从去年到今年，红创奖做得很好。尤其是传承、创新的主题及作为扶植新青年的平台，红创奖的定位非常正确，这些确实是在当前形势下应该做的事情。作为一个年轻的奖项，红创奖未来发展的前景可期，祝愿红创奖越走越好。

——
清华大学美术学院环境艺术设计系主任、教授
中国建筑学会室内设计分会理事
宋立民

智慧生活、新技术、新材料、空间功能、无障碍设施……将是未来设计关注的焦点。对于年轻的设计师来说，生活是最好的老师，积累与沉积将让设计更有深度和内涵。希望红创奖将关怀赋予设计，让希望和美好传递，也让设计变得更有意义。

——
清华大学美术学院环境艺术设计系副教授
中国建筑学会室内设计分会理事
梁雯

中国设计近十年来更加时尚化、年轻化与国际化，因为设计跟着市场走，市场的变化会让我们跟着变化。作为新一代的中国设计人，自我提升是非常重要的，我想红创奖这样的赛事就是年轻设计师们相互交流、学习的最佳平台。

—— TCDI 创思国际建筑师事务所创始人
覃思

红创奖是扶持年轻设计师的大赛，希望能够对他们带来更多的支持，使其成为青年建筑师或室内设计师们展示自己才华的舞台。希望红创奖影响力越来越大，越来越好。

—— 中央美院建筑学院教授
建筑营设计工作室创始人主持建筑师
韩文强

希望红创奖能够凸显出设计奖项的专业与特色，不仅能够有正确的价值导向，更能够真正地聚集行业的设计师，引导当下的设计师们在设计专业和价值取向上有更好的提升。

—— 集艾室内设计(上海)有限公司总经理
黄全

当有人成功时，也意味着他们付出了很多，这种努力值得祝贺和鼓励。这将帮助他们进一步提升，红创奖给了年轻室内设计师展示创造力和才能的机会。红创奖将不仅促进设计文化的发展，也将以务实的态度回应人们对于美好家居生活的追求。

—— 意大利建筑师 / 室内设计师
东易日盛首席建筑师
毕达宁

在红创奖这个平台上看见如此多中国青年设计师的作品，我感到十分欣慰。希望无论是商业空间还是居住空间，我们都能发现更多非常出色并具有创新精神的设计作品。

—— Allies&Morrison 事务所建筑师
Karin Tenplin

作为设计师，既要有责任，也要有担当。每一个成功的作品都是无数汗水的努力。每一个优秀的作品都值得我们赞美，相信在未来，红创奖将聚集更多优秀的设计人，成为创意发声的阵地。

—— Studio Lux 工作室 建筑师
李鸿娣

现在是室内设计行业繁荣发展的时期，年轻设计师在收获更多项目的同时得到了更多案例实践的机会，所以成长得也更快，希望这些深处在优质环境下的年轻设计师们能够把握每一次机会，做更好的设计。祝愿红创奖办出特色、办出影响、办出品牌！

——
美国《室内设计》中文版董事长、出版人
赵虎

就像东易日盛的使命，"装饰美好空间，筑就幸福生活"，空间效果的美好只是我们使命的前一个部分，更重要的是要去筑就幸福生活，期望每一个设计师都能成为生活的设计师。希望红创奖让设计保持初衷，让设计贴近生活、服务生活、美好生活。

——
北京联合大学创意学院艺术设计系讲师
姜喜龙

本次红创奖佳作频出，不少作品分数不相上下，竞争激烈，体现了当前中国室内设计创作水准，期望红创奖未来发掘和展示更多高校优秀设计作品，扶植新青年设计人才发展。

—— 北京建筑大学副教授
杨琳

本次红创奖参赛设计作品水平很高，作品完成度及设计师的成熟度也较高，在实用性、艺术性、创意性方面都有不错的作品体现，希望红创奖成为每一个设计师的"梦想舞台"，成为行业有影响力的专业设计赛事。

—— 北京建筑大学讲师
朱宁克

RED CREATIVITY DESIGN AWARD

红创奖设计大赛

品牌力量
势不可挡
BRAND STRENGTH

为了让红创奖走向公众生活，卢森地板、西蒙电气、老板电器、Uiot 超级智慧家、A.O. 史密斯、书香门地、金意陶、生活家地板、德国威能成为"红创奖推广大使"。他们通过自己的品牌行动建起红创奖与公众之间的桥梁，将红创奖"为未来美好生活而设计"的理念和"传承、创新、艺术、应用"的设计倡导传递给更多公众。相信未来，红创奖也将凝聚更多社会力量，搭建更广泛的红创平台，进一步扶持新生设计群体，促进设计产业发展。让好的设计走进千家万户，成就更多人实现对生活和家的梦想。

周磊
瑞士卢森副总裁

目前国内高端设计师平台很少，我看到了红创奖的专业、专注与高端的一面。期待未来红创奖最终能成为一个聚集高端设计师的全国性的开放平台，这也将对国内的设计行业发展带来深远的影响。

Gonzalo Batista
西蒙（亚太）业务发展总监

红创奖主导的创新设计及未来发展同样是西蒙一直以来所关注的。我们愿意与红创奖一同，为人们提供更好的生活方式和生活空间。祝愿红创奖红遍中国，红遍世界，红遍百年。

陈昭
老板电器北京分公司家装事业部总监

红创奖联合了家居行业优秀的设计师，给他们提供了一个展示才华、灵感碰撞的平台。希望我们能与红创奖一起，用行动践行"创造美好生活"，共赴美好生活的愿景。

周泽贵
Uiot 超级智慧家高级副总裁

创新是改变人们生活的最有效方式，无论是对于企业还是社会发展，创新都意味着一种使命。相信有着创新动力的红创奖未来一定越来越好。

张贤玉
书香门地创新渠道部总经理

我们提供最好的产品，怎样搭配出最好的效果，肯定需要设计师的创造。所以，我们也期待在红创这个平台上，把我们最好的产品推荐给我们的业主和设计师，让好产品为设计增色，为生活添彩。

张晖
A.O. 史密斯市场副总经理

红创奖为中国家庭未来生活而设计的创办初心很棒，希望红创奖能够一直秉承这个初心，为我们的中国家装领域、室内设计师领域发掘一批领军人物，为整个行业带来更高水平的发展。

陈轶
德国威能中国区全国大客户销售总监

我们一直都非常重视用户体验，我们希望通过红创奖这个平台，能让客户能够真正感受到欧洲本土的、原味的舒适家居感受，同时也希望能携手红创奖把中国设计更好地推向世界。

高梓庭
金意陶联盟服务部总监

红创奖作为一个设计师才华展示的平台，汇聚了很多优秀的设计师，它非常有专业性和公信力。希望未来有更多的设计师能站在红创奖这个平台上，一步步地从优秀走向卓越。

李攀登
生活家地板全国营销总监

未来是充满无限可能的，唯有创新与发展是亘古不变的真理。红创奖本着"为未来美好生活而设计"的初衷和鼓励设计师不断创新的大赛理念，让我们对未来充满了更多期待，相信红创奖的未来一定会更好。

设计发声
RED CREATIVITY VOICE

经济的高速发展与消费行为的转变，新科技与旧技术的融合更迭，让我们身处在一个变革的时代。狄更斯曾说："这是一个最好的时代，也是一个最坏的时代。"改变，让家装行业充满无限机遇，同时也蕴涵着无限危机。看，先锋观点；听，发展之声；辩，设计边界；思，当下未来。用设计凝聚创想智慧，用声音传递思想力量。

中国设计
有界？ 无界？

在设计多元化的今天，社会正处于激烈转型的中国，人们的眼界与认知不断被革新，消费观念日趋成熟，从功能到价值，从满足需求到创造意义，从盲目到契合生活方式。面对消费者对设计更多、更高的需求，设计已不再只是简单的勾勾画画，那么我们如何看待设计的边界？

正方：中国设计，有界

没有所谓的"无界""跨界"是笼统的，如果（设计项目）是完整的、闭环的，根本不需要跨界，所以跨界是伪命题。

邱德光 邱德光设计事务所主持人暨总设计师

先要"有界"才能"破界"，从人的内在学习而言，可以不设边界，但外界所为，因能力范围有限，无论怎样打破界限，实际上也是为有界服务。

韩文强 中央美院建筑学院副教授

设计是理性分析跟感性创意的结合，理性分析是有界的，感性创意是无界的。每一个设计师，不管做什么事情，只要从自己真正热爱去出发，踏踏实实做好眼前事，聚焦某一领域，无愧于心。

姜喜龙 北京联合大学创意学院艺术设计系讲师

反方：中国设计，无界

从我这几年的经历，越和设计之外的人谈设计，越感觉我们要做的事情越来越多，跳出设计再看设计，我觉得才能够真实的感受我们自身存在的意义。

姜峰 J&A 杰恩设计董事长暨总设计师

一句话，设计无界，匠心有界。设计价值的背后就是无界，是通过不同领域的积累而来。

黄全 集艾室内设计（上海）有限公司总经理兼设计总监

两件事情，一是努力最重要，二是没有无界，就没有创新。设计师同样要引领时代的，要不断地去创新。对于设计师来讲，所有设计师要知道该做什么，除此之外，你要跨界创新做更多的事情。

毕达宁 东易日盛外籍建筑设计师

新时代室内设计人才
如何发展?

当今中国经济环境的巨大转变,推衍出全新消费市场结构和消费行为习惯,同时,新科技革命蓬勃发展,信息化、数字化、智能化趋势不可阻挡,新产品、新业态、新经济层出不穷,极大影响和改变了人们的心理感受、生活习惯、工作方式、联系交往。面对新时代的机遇与挑战,对于室内设计行业与室内设计师来说,未来何去何从?

技术规范是基础: 室内设计师的自主性要强,面对行业的规范化发展,设计的技术规范还需要进一步提高。设计的价值是通过建筑与美学,通过服务与被服务得以体现,尤其是小的东西更需要博大的文化基础和胸怀才能做得好,才能惊世。室内设计师的成长,要真正去了解人的需求,为人服务,才能做出精细、有温度的设计。

—— 中国建筑学会室内设计分会理事长
苏丹

匠心专注是重点: 针对中国的室内设计行业的发展,目前专业与其余的"临界点"尤为明显,未来应该通过不断的学习、标杆的树立,强化基本功,以专业的姿态去面对未来的变化。在职业发展中,把好心态关,需要不断精进,养成既能沉得下去的内心,又要有野性爆发的力量,回归理性,做"专"和做"精"都非常重要!

—— 东易日盛集团副总裁
徐建安

国家政策是导向: 新时代的变化、政策、科技,包括观念、互联网时代碎片信息化,对年轻人、对行业的发展产生巨大的冲击。在这种情况下,未来设计不再是单一维度的工作,需要设计师了解资本市场运作、了解国家政策的变化,需要具备敏锐的观察力与捕捉力。互联网技术的发展同时助推着室内设计行业的规范化发展,未来的室内设计工作将更加规范有序的开展。

—— 中国建筑学会室内设计分会秘书长
陈亮

跨界眼光是方向: 大数据时代来临,很多设计师的设计经验、信息等可能都会被数字、数据所代替。新时代的设计师要做一个开放的人,应从更为宏观的、大设计的层面看问题,不要仅仅局限于室内设计师的身份,未来设计师更应打开自己,拥抱大设计时代,将大数据、绿色家居、智能家居等吸纳入设计,以跨领域、立足生活本质的眼光、深入研究人居生活方式,做更加贴合人居需求的设计。

—— 清华大学美术学院教授
宋立民

中国设计
今昔与未来？

住的过去、住的未来
设计的今天、设计的明天

70年的住宅变迁，70载的设计发展，新时代背景下中国人居生活方式的变化，唤起业界对于"中国居住生活设计"的关注与思考。过往的经历是设计前行的指路灯，照亮后来者的前路，未来，我们致敬设计，相约未来，红创将与时代同行，为国人未来美好生活努力！

对于未来设计，年轻人现在的新技术领域需要我们了解；而"家，文化，经验"方面，他们可以向我们学习。一个人不断的有好奇，就不会懒，所有的领域都是值得永无止境探索下去的。未来十年，我们需要更多的成长，同时客户会是我们真正的老师。

—— 吕永中设计事务所主持设计师
吕永中

尽可能发现生活中好玩，有趣的东西，怎么发现它？接触你能接触到的所有艺术形式，画画也好，摄影也好，接触越多，经过十年积累以后，会发酵出来一些好的东西。

—— 清华大学美术学院环境艺术设计系副教授
梁雯

好好的学习，做好当下每一件在手中的事情，未来就有所期待。中国设计近十年来更加时尚化、年轻化与国际化，因为设计跟着市场走，市场的变化会让我们跟着变化。设计师在市场的大时代里，自我完善非常重要，作为新一代的中国设计人，我们应该注重自我提升，从科学、人文各个角度提高自己的能力。

—— TCDI创思国际建筑师事务所创始人
覃思

未来，我们做的是一个能够跟客户一起成长，一起变化的空间，这就是人性的需求，人在追求成长过程中，对新的事物探索不断发生变化，家居环境应该不断给人带来变化，带来新奇，带来更好的体验。

—— 东易日盛集团董事长
陈辉

我永葆年轻最重要的原因就是有一颗好奇心。十年以后，二十年以后，我会依然保有这样一颗好奇心，思考未来到底怎么样。未来有无限的可能。

—— 东易日盛外籍首席建筑设计师
毕达宁

不管科技如何发展，技术如何前进，设计的本质是为人，要去转变思维。以前的思维是装修的思维，现在我们要进入设计的思维，为人考虑人的需求。马斯洛讲人的需求，从生理需求、安全需求、社交需求、自我实现。未来二十年人在哪里？抓住人的需求，人的本质。

—— 北京联合大学创意学院艺术设计系讲师
姜喜龙

顾 盼

顾 盼 /主题演讲

—— 梁建国
制造·中 创始人、北京集美组创意总监

梁建国老师一直在思考自己，做什么？怎么做？致力于东方设计的他一直在探讨当下的东方是什么，如何去寻找自己存在的理由，存在的价值。最终他发现，当今的社会是一个双向需求的社会，找到自己存在的价值，才活得有意义。通过"飞龙在天"、福州售楼处等案例，梁建国强调去设计化，去风格化，去造型化，有节制地设计，更多地调整心态及态度，设计是去解决爱，解决人们的安全及跟社会的关系，这也是未来设计较为重要的方向。通过《顾盼》这个主题，希望"设计师们要带着对设计的这份爱，去喜欢自己，去喜欢自己的专业，去喜欢从事的事业，每个人都需要多花一些时间去做自己喜欢和擅长的事情，好好把设计做好。"一个设计师前路是否开阔，最终是要靠修养、内心的审美。

让自己重新开始的方式是反思自己，梁建国认为设计师是可以去改变，让自己更有意义的一个职业，首先是做设计要学会放松，放松是为了明天可以做得更好，把自己放得简单一些，调整自己用不同的方式去做设计，去解决人与社会的问题。做设计还要更踏实，花的时间比过去多，才有可能迎接未来。做设计到现在，他拒绝没意义的事情，把更多注意力放在设计、项目中，他中肯的话语为现场年轻设计师提供了最朴素的设计哲理。

此时此地·定义中国式居住 /主题演讲

—— 吕永中
半木 BANMOO 品牌创始人兼设计总监、吕永中设计事务所主持设计师

虽然设计是一个非常感性的事，但是跟时代、个人成长背景离不开。吕永中认为"此时此地"代表了设计是时空，在这样的时空中面临的问题，以及如何去解决变成了设计的关注点。他现场抛出了两个问题并给出了自己的想法，现在是不缺一个杯子的时代，器物、造物有没有更多可能性存在？设计师真正在创造什么？他认为天地万物美本身是存在的，我们需要感知，需要想象，需要营造，设计是为了建立一个精确的时空构建。当下的都市，我们忙于自己的生活，完成了引以为豪的GDP，同时面临着很多扭曲的状态。我们缺一个杯子吗？缺一把椅子吗？都不缺，那缺什么？吕永中认为缺的是"时间"。他希望用设计表达时间，将根植于长远历史中的答案通过设计去营造。吕永中强调设计的视角是大爱，设计师这个行业在社会中，除了要发现问题、解决问题，还需要用巨大的努力去改变现状，让生活更加美好。

对于中国设计发展的近十年，吕永中感触最深的是设计跟市场的互动越来越紧密，市场需要设计，设计也为市场。这是非常好的一个开头，但是中国设计要继续往前走的话，得往更专业、更深刻的方向，往更多价值的方向，往外和往内走，这需要更长的时间做更多的努力。对于"中式"的标签，吕永中采访中表示更愿意把"式"理解为生活方式，不管东方西方，人类的存在一定有很多关于生活、周遭事物的共同看法，只是可能叙事方式的不同，生活习惯不一样，生活方式不同。其实所有的资源、东西都可以为你所用，只是看设计师如何选择，如何更加贴切地用设计展现。

DNA / 主题演讲

—— 李鸿娣

英国布莱顿大学建筑系客座评审导师、英国 Studio Lux 工作室建筑设计师

当今，应接不暇的创意和趋势冲击着我们这个时代，设计与创意成为大爆炸的时代的象征。而它们是如何出现的呢？人类的 DNA 可以破解，那么设计行业的 DNA 是不是也能被破解？李鸿娣用发问的方式，开启一场《DNA》的设计思考。带给我们由表及里的"从术到道"的深层讨论。从大师的作品中感受设计艺术的魅力，从经典的案例中体会设计创造的奇妙。

设计是一个艺术和审美大范畴的产物，"每一个成功的作品都是无数汗水的努力，是生活阅历的体验，而拓展边界，最重要的是知道边界在哪。""私宅设计是孕育大师的土壤，每位大师都是从小案例中成长起来的。""不同的案例可以帮助你找到不同的设计方式，学习和理解它们，可以帮助你为你的客户提供彰显身份和生活方式的个性化设计服务。"

A TALE OF TWO CITIES 双房记 / 主题演讲

—— Karin Templin(凯琳 • 坦布林)

英国金士顿大学建筑学院 / 剑桥大学建筑学院 / 意大利佛罗伦萨国际设计学院
任教讲师、建筑师、城市空间设计师、住宅专家

Karin 既是建筑师、城市空间设计师、住宅专家、也是一位卓有成就的建筑和设计教育导师，她以其多重的身份及丰富的人生经历和设计经验，为设计师们揭开了"英意设计"的神秘面纱。《双房记》以佛罗伦萨小宫殿与伦敦多层公寓住宅为切入点，从"都市与建筑，房间与构件"介绍不同时期下佛罗伦萨与伦敦著名的典型特色建筑设计，细致地展现欧洲设计文化的传承与发展。让我们从历史中看到设计的进化脉络，也从历史中收获未来的设计思考与灵感。它们是时代的见证者，也是社会文化和人们生活的记录者，更是不同时代下一个伟大的设计灵魂。在这些形色各异的空间里，设计师们运用不同的设计手法和设计表达创造别具一格的欧式建筑形态。穿梭在时空的建筑与艺术，历史既是过去，也是未来，通过中英两国设计文化交流活动，让国际化的设计思想带动更多设计师对于设计发展提升的思考，吸纳和融合国际化的设计理念，创造更多优秀的设计。

RED CR
EXCELLEN

RED CREATIVITY
DESIGN AWARD
红创奖设计大赛

EATIVITY
T WORKS

红创佳作

"红创奖"让设计邂逅千种美好生活可能，成就时代生活美学样本！88套获奖作品，每一个作品，都藏着一个故事，让岁月风华沉淀为设计的底蕴，成为作品中每一个动人的侧面。带着"爱"和"灵魂"做设计，这些优秀的设计作品也让美好生活住进每一个"家"中。

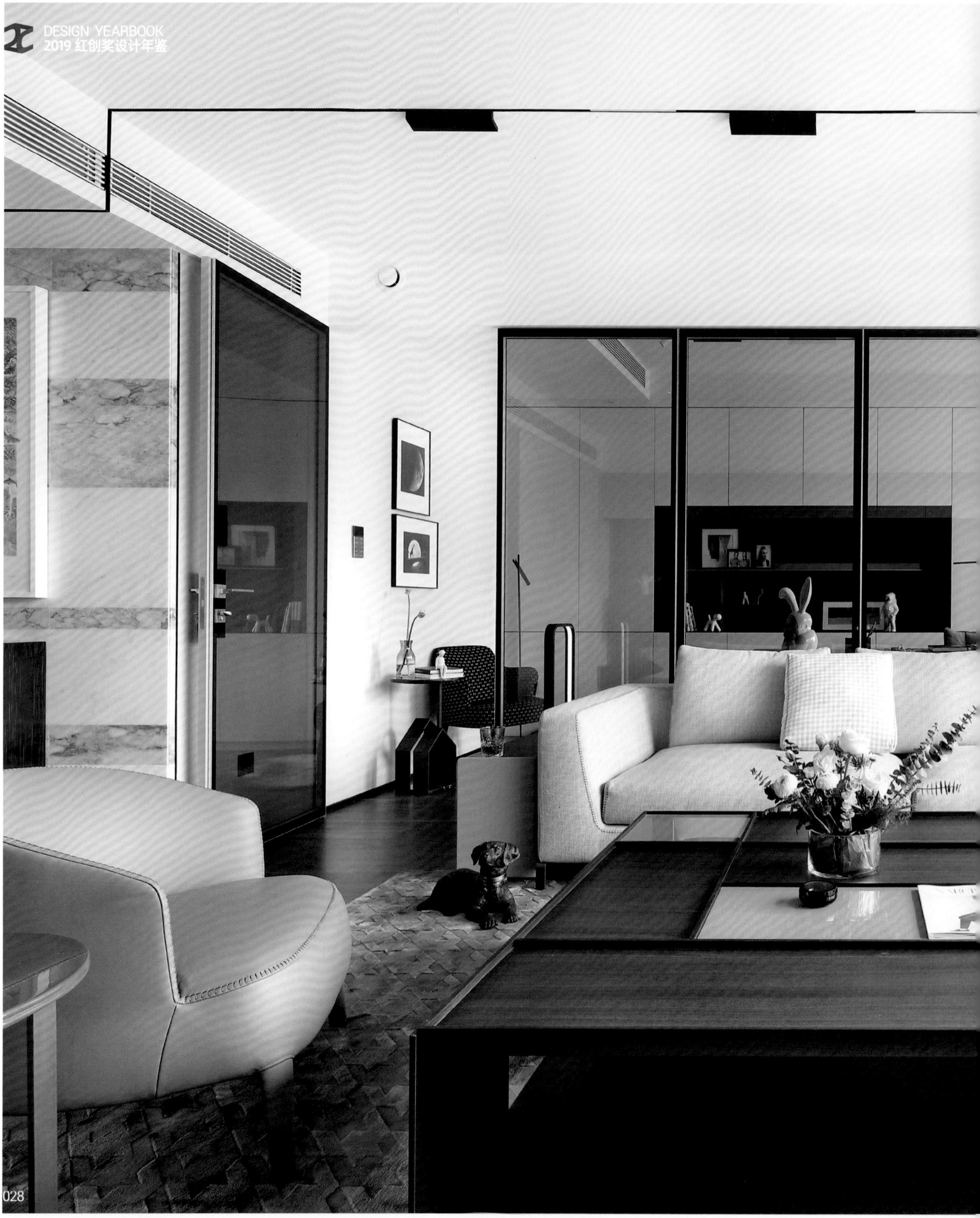

RED CREATIVITY DESIGN AWARD

红创奖设计大赛

赵庭辉 至尊奖
住宅组

获奖项目/Winning Project

白色早晨

设计说明/Design Illustration

时尚简约的家能带给人忙碌后的轻松和愉悦。我们设计这个房子的初衷就是想给业主提供一个像艺术品一样的家，既能满足生活的功能需求又能不失美感的存在。从门厅开始用黑色的金属线条贯穿了整个房子的中心，从吊顶的磁轨灯到墙面石材和壁纸的交接处理，从所有房门的无框到顶设计及地面隐形踢脚线的设计，都是对黑色金属线条不同手法的运用。最出彩的客厅阳台是设计师在某一天不经意的阅读中看到的一张帆船墙面的设计后，获得灵感并诠释在了客户的家里，这样既解决了原来承重墙顶比较矮的问题，又很漂亮地装饰了顶面造型，从此便是家人最舒心的休闲之地。此外，智能家居的运用可以让不同场景模式自由切换，实现了环保、节能、便捷、健康的高品质生活。

RED CREATIVITY DESIGN AWARD

红创奖设计大赛

侯运华 至尊奖
住宅组

获奖项目/Winning Project

巴登夏日

设计说明/Design Illustration

这是一次在夏日里的旅行笔记，摇曳的树木、轻抚的风、叶的影、蟋蟀的低吟与蝉鸣，以及萤火虫尾上的星。像父亲一样宽厚的沙发，如母亲一样柔软的座椅，随时向你张开温柔的双臂。我愿意睡去，闭上双眼和着夏日咖啡的香气，小憩。阳光在我的指缝中呢喃，这就是设计师怀念的夏日。与风共舞，与光同尘。生活品质的提升，促使我们去追寻更深层的享受：舒适、优雅的生活态度，同时不失品位和高雅。作品代表着一种精品的生活方式，为使用者寻求更大的价值体验，亦或是对未来家居设计的预言。轻奢风格的空间以金属、皮革的中性色调为主，用色彩的纯度传递细腻的质感。造型简洁、线条流畅的家具组合搭配，营造出稳定、协调、温馨的空间感受，满足现代年轻家庭的轻奢需求。

RED CREATIVITY DESIGN AWARD
红创奖设计大赛

姜兵兵 至尊奖
住宅组

获奖项目/Winning Project

三空间极简

设计说明/Design Illustration

此案位于北京望京地段，套内面积 120 平方米二层复式，环境优美。设计师将一层原有封闭式厨房打通，增加一个卫生间及储物间，让整体通透感更强。敞开式厨房、现代化的电视及内嵌冰箱让整体厨房更为明快，让女主人烹饪过程充满乐趣与享受。沙发会客区与餐厅形成一个围合的空间，增加男女主人的互动性。大大的落地窗，让自然的风景入目，也让心情舒畅起来。楼梯的改动增大了一楼、二楼的使用面积，同时也是这个家的亮点，楼梯的线条在光影中演奏着动人的旋律，让温度和情感交融于空间之中。设计师把二楼作为起居休闲的区域，分为主卧、次卧、休闲区、卫生间及衣帽间。夕阳西下，卸下都市生活的焦躁与烦忧，一缕阳光、一束绿植，感受大自然的生机盎然；一本书、一杯茶，体会日常生活的闲暇，唤起心底的宁静。

RED CREATIVITY DESIGN AWARD

红创奖设计大赛

王 皓 至尊奖
商业组

获奖项目/Winning Project

禅之境

设计说明/Design Illustration

本案在设计师的创意发挥下，将自然生态的竹子运用到茶馆的空间，将茶文化与环境有机地融合。进入该空间，第一感觉是被大自然竹林的奇妙精致所震撼，寂静的水面与瓦片的结合，扑面而来的自然气息，竹韵间的素与静，让人耳目一新，茶客们的心绪也立刻安定下来。

整个空间分为四大区，以竹子为元素贯穿每一个区域，空间垂直连贯，产生强大的互动，人坐其中，心灵安然自得。顺应生态环保的理念来对空间进行演绎，做到曲径通幽，既有隔断，又有通透，打破了传统的分割，既有私密又不压抑，形成独特的"竹隐文化品茶"氛围，成为本案最亮眼的地方。仿佛整个喝茶区全部隐藏在自然的竹林当中，竹排层层透光，让茶馆更加曼妙动人，自然朴实，以这样一种返璞归真的自然境界，打造出一个切合当代生活的茶文化空间。

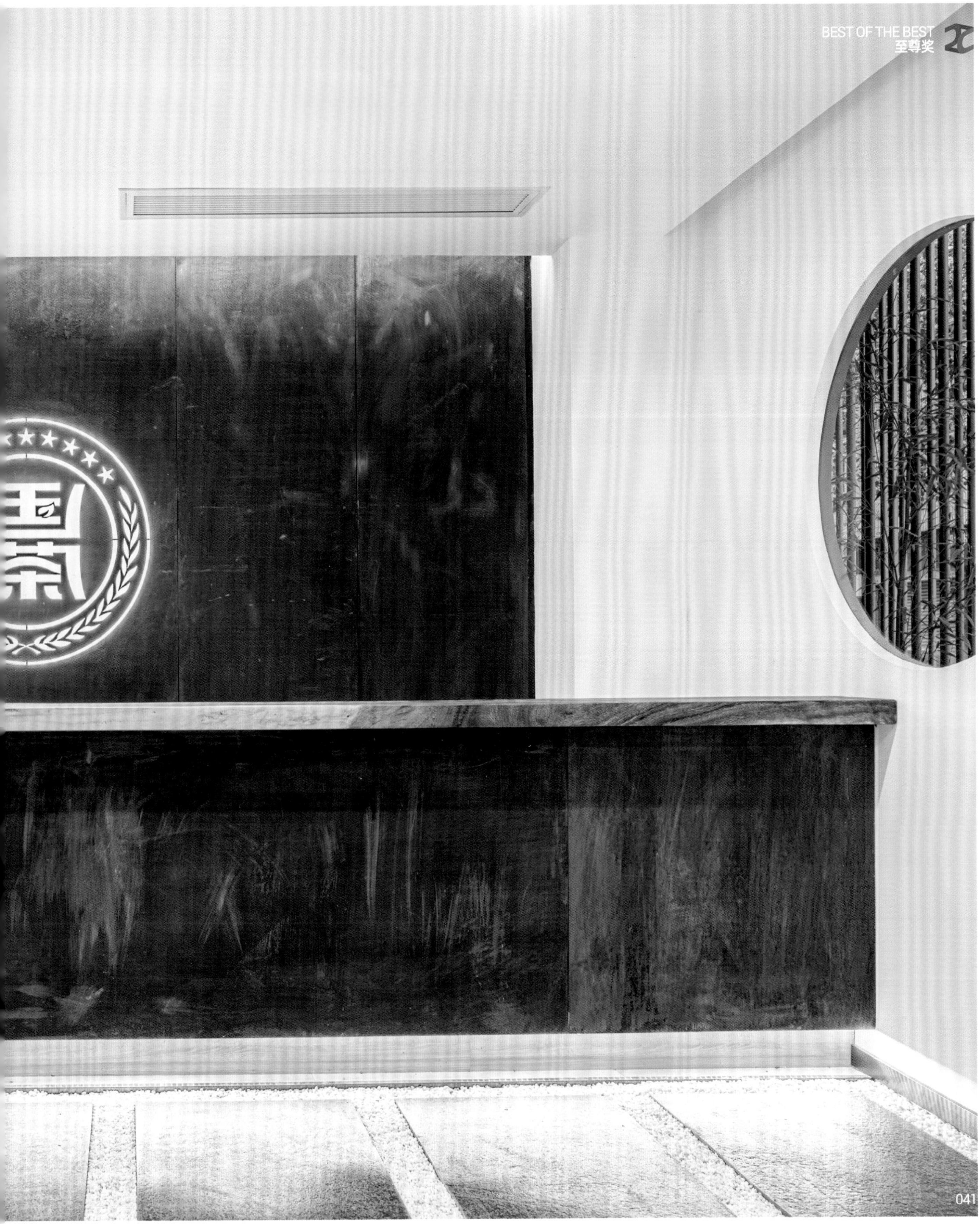

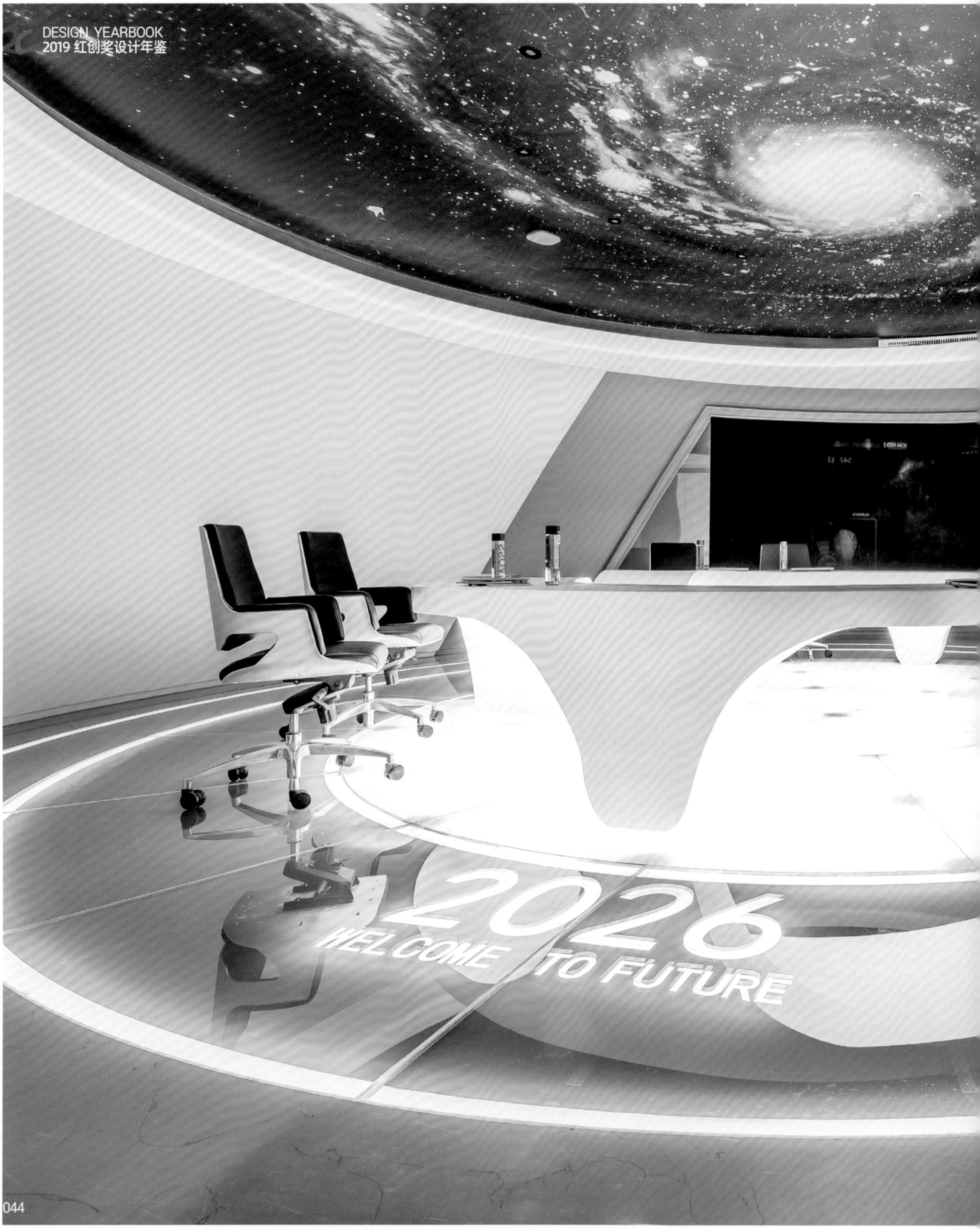
2026
WELCOME TO FUTURE

RED CREATIVITY DESIGN AWARD
红创奖设计大赛

付筱钧 至尊奖
商业组

获奖项目/Winning Project
未来塔

设计说明/Design Illustration

万达尊·未来塔屹立于湖北武汉中心商务区的核心楚河汉街，是武汉高端的写字楼项目。设计师的创作灵感源自克里斯托弗的《星际穿越》，通过一种超现实主义和梦幻色彩的演绎，传达一种全新的办公方式的理念。设计团队试图把这个办公空间构架在现实与虚拟、现实与未来之间，让人有对未知的预见感。整体设计融入"太空舱"的流线概念和"钢铁侠"的设计元素，以太空蓝与星际紫为主调，将柔美雅致与节奏感有条不紊地组合，来打造极为概念化的未来共享空间，极富想象力、视觉冲击力，充斥着对未来的科幻感。在全球会议中心、全息技能体验中心、指控会议室等功能区，搭载一流的硬件及软件配套，演绎智能化和云存储的新型办公模式，描绘出智慧办公生活的新轮廓。

RED CREATIVITY DESIGN AWARD

红创奖设计大赛

孙 纳
年度单项设计金奖
质简空间

获奖项目/Winning Project

无限 / 光影

设计说明/Design Illustration

我们生活在一个光怪陆离的世界中，尤其需要为自己打造一个沉静、内敛的自由空间，在冷感又不失温暖的极简风里，追求一种优雅的生活态度。《道德经》中提到"技近乎道"，它是一种人生的修养，也是一统万物的变化中的自然和永恒的常在。如设计的本源一般，终将归于自然。设计是淳朴且美好的事物，我们对生活、对美的追求会极大地贯穿于设计之中。设计师用白色、黑色、线条与块面的设计笔触，为主人描绘出一幅既独立分明，又相近相依的生活速写。以纯白作为空间主调，让居室显得无暇剔透。大理石泛起光泽，随着时间而变换着明暗与角度。黑色将沉稳禁锢于中心，色块配比决定着渐变的瞬息。金色的介入，通过不定式的造型、材质、功能遍布各处，让整个空间都充满了精致惬意的格调。

RED CREATIVITY DESIGN AWARD

红创奖设计大赛

邵天鹏 年度单项设计金奖
装饰艺术

获奖项目/Winning Project

低奢人生

设计说明/Design Illustration

雅致简约中跳跃着一种无法言喻的灵动，浑身散发出一种知性与端庄的气质，简单时尚的设计将其化为一种淡雅的品位。不管是白天还是黑夜，不同的环境却有相同的品质，每个角度都是如此的美好。

本案业主是一对夫妻，有两个女儿，父母常居，一家六口，三代同堂，本案的设计主要是满足一家人对舒适生活的不同追求。设计师在空间布局上充分考虑了全屋的通风、采光及生活的适宜，从而极大地满足了每个人对生活舒适度的要求。风格上，知性又优雅的港式风格，综合三代人的审美，时尚又不失格调。全屋采用大面积的护墙板和硬包，给空间增加了温度，局部背景墙使用石材，大气沉稳。大量铜条的线条勾勒，让空间整体更显质感。

RED CREATIVITY DESIGN AWARD

红创奖设计大赛

潘文峰
年度单项设计金奖
人文关怀

获奖项目/Winning Project

至精至雅大公馆

设计说明/Design Illustration

本案的业主是一个由父母、留学的儿子及活泼可爱的小女儿组成的幸福的四口之家。这套设计以新中式＋轻奢为主题，设计师用他工作多年积累的丰富设计经验，秉承了设计的现代性和独特性。古典风格与现代元素的激情碰撞，衍生出了无数格调高雅、简约大气的新中式空间。它立足于传统，又施之以创新，经过不断的提炼和丰富后自成一派，呈现出了极为浓郁的东方情调。一半是张扬的绚烂，一半是低调的静谧，比普通更考究，比奢华更自由，着力表现简约舒适、低调、理性的生活态度，摒弃华丽装饰，注重高品质和设计感。设计师将自己对生活的理解融入设计，用精细地笔触创造空间的内涵。丰富的空气和光线、优质的材料和精心呵护的空间……设计师将生活中这些最为简单的创造美好生活体验的元素带入空间设计中，为中式居室加入了更多适用的方面，让生活更有精致的味道。

RED CREATIVITY DESIGN AWARD

红创奖设计大赛

王伟明

年度单项设计金奖
生活意趣

获奖项目/Winning Project
流光溢彩

设计说明/Design Illustration

本案业主是一对年轻时尚夫妻，二人个性突出，女儿刚两岁，在追求品质生活的同时，更看重孩子成长的陪伴。设计师将本案定位为现代简约风格，把空间按需求分割，用"减法"的方式将空间还给时间，将时间还给家人。入门后的大理石的背景墙与结合了金属元素的端景台，彰显着高品质的生活气息。西厨是家人、友人的分享之地，也是女主人的工作室。白色橱柜搭配亮面质感的墙砖，点缀金色的吊灯和简约的吧椅，优雅的同时不失时尚感。岛台的设置可以让女主人在这个光线充足的地方，研习烹饪、制作美食、阅读或会友。灰色的墙砖搭配白色的橱柜，简单大气。设计师还贴心地在吊柜的下方安装了感应式的灯带，地面做了斜铺处理，成为整个空间的亮点。在走廊的尽头，特别布置了一个黑板墙，作为孩子的娱乐场地，让孩子有了一个尽情释放天性的小天地。

RED CREATIVITY DESIGN AWARD

红创奖设计大赛

陈海洋 年度单项设计金奖
功能收纳

获奖项目/Winning Project

魔幻收纳空间

设计说明/Design Illustration

此案原有空间利用极不合理：厨房空间很小，卫生间对着餐厅，北阳台很大，没有储物的空间，同时未来将会存在三代同堂的居住关系。设计师梳理好人员结构及空间居住需求后，从一个全新的视角重新灵活地排列可用空间，用设计去呈现和优化这一切。"线"作为设计元素中不可或缺的表现形式，设计师借由现代黑白灰的风格走向，应用线条这种有效的切割方式来塑造空间，在"线"的若隐若现中寻找"面"的块体穿插，让整个空间增添了更多节奏与变化，在相对简约的空间里有了可品味的细节。室内动线一气呵成，让空间布局更为流畅贯通，传达简练稳重的氛围质感。巧妙的规划设计，为客户提供了个性的、灵活多变的空间装饰解决方案。

RED CREATIVITY
DESIGN AWARD

红创奖设计大赛

姚渊明 年度单项设计金奖
氛围营造

获奖项目/Winning Project

荣境品苑

设计说明/Design Illustration

本案着力打造一个处处自然的现代简约空间，以灰色为主色调，水泥砖、大理石、艺术涂料为主要材质，将美学与实用相结合，展现着摩登的生命力。空间分为两层，上层为起居空间，以客餐厅、厨房、卧室功能为主，流畅的起居动线、清朗利落的线性造型、高级色调的搭配、低调而不失质感的家具，分别扮演着空间中的各个重要角色，共同演绎着一幕幕精彩纷呈的家居情景戏。下层为活动空间，以健身、阅读、学习、观影等功能为主的开阔、多元使用复合空间，承载着井然有序又处处意趣的生活场景。本案最大的特点在于用看似简单的设计语言，将空间的一切皆少量化处理，注重生活方式的提档与重塑，满足生活的各种潜在需求，突显家的情调与温馨。让生活变成一种享受，通过匠心设计打开新的生活方式。

RED CREATIVITY DESIGN AWARD

红创奖设计大赛

胡 健

年度最佳设计作品
风尚奖

获奖项目/Winning Project

静好

设计说明/Design Illustration

本案客户是一家三口，设计风格定位为新中式。设计师运用清新自然的手法将中式风格简单大方的雅致之美和温馨惬意的居室氛围融合，淡雅的色彩、洗练的线条，让面与线的衔接呼应，自然精致的装饰艺术，在明朗中更显一种淡然悠远、沉稳儒雅的韵味。整个空间设计荡漾着东方风情，却也混合着当代艺术的气息。中式元素与现代材质的巧妙兼容，窗棂、布艺、山水花卉等图案相互辉映，再现了移步变景的精妙小品，让人们眼前一新，为之倾心。设计师将现代元素和传统元素结合在一起，也让人们在感受古典意蕴高雅的同时，享受到现代生活的舒适。没有彩色的熏染，使一切氛围浸染上沉静的特质。岁月静好，看云卷云舒，这就是居住者理想的栖居之所。

RED CREATIVITY DESIGN AWARD

红创奖设计大赛

沈 彤
年度最佳设计作品
风尚奖

获奖项目/Winning Project

翡冷翠·Firenze

设计说明/Design Illustration

本案为轻奢风，看似简洁朴素的外表之下却折射出一种隐藏着的贵族气质。设计师摒弃了传统意义上的奢华，简化装饰，返璞归真，在塑造时尚前卫、优雅精致的同时，却又不失温馨舒适的感觉。黄铜的高级质感搭配大理石的温润内敛，在视觉上形成一种不寻常的艺术张力，轻松打造出一个气宇不凡的现代家居。在色彩运用上，设计师特意选择了典雅大气的米色、杏色作为主调，为居室增添了几许温润的味道，同时赭石色和紫灰色的局部点缀，既不影响空间氛围，又可以起到画龙点睛的作用，使空间气质瞬间提升。轻体量的功能性家具，为整体颜值加分不少，让原本简洁的空间更添层次。为追求独特的个性和高品质生活的业主创造低调、舒适，却无损高贵与雅致的向往的生活。

RED CREATIVITY DESIGN AWARD

红创奖设计大赛

许晓娟
年度最佳设计作品
风尚奖

获奖项目/Winning Project

精·致

设计说明/Design Illustration

业主是五口之家，这个房子的主要功能是作为一家人逢年过节回来探亲的居住之所。房子需求包括：要有属于三个小孩的独立卧室，要有一间书房，还要有一家人回来之后父母过来同住的多功能房。这些对于原格局只有四室的房子来说可谓是不小的挑战，也是业主比较头疼的地方。所以，设计师的设计切入点也聚焦在这部分，从客户需求出发，对空间功能进行重新规划。因其有两个男孩子，就将卧室安置在了二楼朝南带阳台的房间。同时，把房间中的阳台延伸进卧室，在这个大空间里创建了一个小小的房间。中间的隔墙安置了一扇百叶窗，除了考虑室内采光和通风外，也希望它们能让孩子可以更好地互动交流，成为兄弟两人在晚上睡前互道晚安的小窗口。父母房则与书房相结合，并特别做了翻板床的设计，一室两用，通过设计让每一处空间都被很好地利用。

RED CREATIVITY DESIGN AWARD

红创奖设计大赛

杨王羽

年度最佳设计作品

风尚奖

获奖项目/Winning Project

归

设计说明/Design Illustration

本案得益于业主百分百的信任，设计师手法大胆而前卫，上静下动的功能布局设定合理又舒适，并在设计中充分利用建筑与景观的关系，注重空间的独特性与感官性，在优雅的法式中巧妙植入东方元素，用现代手法解构当代成功人士的生活方式，用精准的尺度拿捏与超乎想象的执行落地打造出众望所归的专属私宅。形状各异的玻璃裹挟了星星点点的灯泡，晕白的灯光温柔而高级，连成一片仿佛是遥远天边云的形状，聚集了此间所有的繁华与热闹，用独一无二的构思、惊心动魄的光彩和精湛纯熟的切割技术重新构筑大胆且前卫的空间比例关系。左转即可进入卧室扑向柔软的床，抬头远眺，窗外花园中的植物依旧精神抖擞，在神秘的夜色中随着风儿左右摇晃，静悄悄的别墅中，清莹动人的灯具点缀在空间各处，慵懒的各色布艺和谐地装点，让空间散发着静谧安然的气质。

RED CREATIVITY DESIGN AWARD

红创奖设计大赛

张曙峰
年度最佳设计作品
风尚奖

获奖项目/Winning Project

侨都一品

设计说明/Design Illustration

有人说黑白灰色系会让家看上去沉闷，但它却是最能表达我们追求个性时尚、喜欢安静氛围的态度。设计师用开放式的布局让客餐厅更紧密地联系在一起，在阳光的映衬下，塑造出不同明度的空间变化。灰色的地砖，加上简而精的软装配饰，传达着屋主对艺术及放松空间的追求。步入玄关，首先映入眼帘的便是向内延伸的菱格地砖，前方玄关柜上的造型则向左右两边的过道伸展出去，让人产生想要一探究竟的冲动。客厅面积较大，设计师在软装搭配上选用了比较大气的沙发及主灯来弱化客厅空旷感，旁边是一个中餐区，方便业主平时接待亲朋好友。两者之间设计有休闲吧台，在增加空间休闲感的同时，给会客区和就餐区之间做一个简单的功能划分。餐厅同样以灰色为主色调，极富金属感的灯具与深色餐桌椅、窗帘相互呼应，超宽移门设计及黑白搭配的橱柜无不彰显屋主对个性时尚的追求。

RED CREATIVITY DESIGN AWARD
红创奖设计大赛

杨 旭 年度最佳设计作品
风尚奖

获奖项目/Winning Project

富力津门湖橘墅花园

设计说明/Design Illustration

设计师一直尝试去探索创造这样一个空间：繁忙的都市生活让人身心疲惫，面对生活的种种考验，人们往往会追求一种不刻意的精致，享受"less is more"的简单生活，也是在寻觅一种更高的生活境界，能让我们用纯粹的心去面对周遭事物。工业风，看似粗犷、神秘冷酷，设计师以此为基点，再灌入轻奢的精致生活态度，这样的家，轻轻一推门，就知道是你想要的家。设计师基于夫妻二人的生活诉求，以简驭繁，不仅带来了丰富的视觉体验，也营造出更具设计感的居住空间，使空间灵动内敛，独具深意，简奢之美就此呈现。采用开放式的设计，在区域划分的基础上，尽可能地把各个空间连接在一起，使得空间无限放大，在空间氛围营造方面，摒弃了过多的约束，摆脱了沉闷的装修格局，符合当今人们追求个性、随意的生活态度。

RED CREATIVITY DESIGN AWARD

红创奖设计大赛

俞国强

年度最佳设计作品
风尚奖

获奖项目/Winning Project
紫兰公寓

设计说明/Design Illustration

本案主要设计元素是将具有东方韵味的山水画、大理石和现代质感的铜条相结合，使整个空间简单而不单调。中国山水画是中国人对自然审美的体现，具有较强的抒情性，它贯穿了整个空间的不同区域。通过装饰画、硬包等不同形式，传达着整个空间气质的连贯性和一致性。客厅的沙发背景墙和卧室背景墙都用了不同形式的山水画元素，使整个空间看起来更有生机，静谧之中自然翩跹。整个空间以浅灰色和白色为主，除了偶尔让人心动的黄色和令人沉静的深蓝，所见之处，都是不多加修饰的大理石纹理和天然原色，让空间更显自然和亲近。主卧的设计用极简的线条与淡雅的纯色相搭配，运用蓝色加以点缀，创造质朴却不失品位，含蓄但不单调的空间氛围，让空间弥漫儒雅精致的气韵。

RED CREATIVITY DESIGN AWARD

红创奖设计大赛

邵 许

年度最佳设计作品
风尚奖

获奖项目/Winning Project

优雅轻奢

设计说明/Design Illustration

本项目是位于郑州北区一个三环内繁华地带的花园洋房。设计师希望凸显出空间本身的叙事性，结合动线视线的设计，尽可能地发挥出整个房子最大效用，打造出一个都市中心的理想家园。本案选择了时下流行的现代优雅轻奢风格。整个空间以传统护墙板配以金属铜线条的方式进行点缀，在奢华和朴实之间找到一个平衡点，为空间奠定典雅、摩登的基础调性。设计师为了实现全家人的期望，同时考虑到生活的便利性，在收纳上更多以实用功能为主。整个方案色调明快，以中性灰调为主轴线，配合轻奢的家具，打造出一种隽永安逸、低调奢华的味道。此外，设计师在门口鞋柜的空地前特别留了部分空余流动空间供宝宝玩耍。书房则是留给自律且热爱阅读的男主人的专属之地，即开放又安静的空间更加符合他的生活需求，同时也给未来的宝宝营造了良好的学习环境。

RED CREATIVITY
DESIGN AWARD

红创奖设计大赛

李江维

年度最佳设计作品
风尚奖

获奖项目/Winning Project

花朝月夕

设计说明/Design Illustration

此作品在满足一家三口生活需求的同时体现出现代美式风格的特点。整个空间贯穿着简约大气的设计理念，以干净明亮的白色为主调，灰色为辅助色，设计师沿袭美式风格的主元素，融入了现代的生活元素，优化空间功能分布，从而使居室空间不只是高雅大气，更注入了惬意和浪漫。通过简单清晰的线条、精益求精的细节处理，带给家人无尽的舒服触感，使整个室内充满温情与浪漫。无论在哪个方位，站在何处均有焦点的所在，散发着自在宁静、自然柔和之感。门厅与餐厅、客厅相连，大体空间都沿用着灰色系的主调，线条之间的碰撞，软装色彩的配搭，都恰到好处。客厅主基调采用了灰色系，单人椅、窗帘、地毯、电视柜及抱枕采用了不同色彩层次感，搭配大理石、金属等材质配饰，在干净温馨的氛围中，令客厅看起来富有超出想象的质感。

RED CREATIVITY DESIGN AWARD
红创奖设计大赛

冯耀彬
年度最佳设计作品
风尚奖

获奖项目/Winning Project

华侨城·十号院

设计说明/Design Illustration

本方案是围绕现代简约为主题，以简洁明快的设计风格为主调。简洁和实用是现代简约风格的基本特点，简约风格不仅注重居室的实用性，还体现出现代社会生活的精致与个性，符合现代人的生活品位。客厅不仅彰显出主人的品位和地位，也是交友娱乐的场合，餐厅是家居生活的心脏，所以设计师不仅要考虑设计的美观性，更要在功能方面注重设计的实用性和整体性。餐厅的灯光以温馨和暖的黄色为基调，顶部做了简单的吊顶。地下室书柜的设计，匹配壁炉的运用，提升主人生活的品质气息，增加了地下室空间的温暖感。在整个设计落地的过程中，无论是大面石材的运用，还是挂画饰品的挑选，设计师都特别注重其本身的质感，在讲究美观的同时达到令人满意的最终效果。

RED CREATIVITY DESIGN AWARD

红创奖设计大赛

王芝明

年度最佳设计作品
生活方式奖

获奖项目/Winning Project

邂逅

设计说明/Design Illustration

本案是典型的小户型做大空间的设计。门厅、厨房、餐厅与客厅一体贯通，赋予空间自然的舒适度。多元空间相互融合，以墙面的颜色反差，营造空间调性。简洁而现代的软装陈设则体现出了年轻夫妻对美好生活的向往。室内运用了多种活跃的颜色，让整个空间气氛活泼而轻快。在小户型的设计处理中，去形式化，设计师结合了大量"功能至上"的设计思路，原本两室的房间里，在客卧室设计了吊床，解决朋友们在家里留居时的尴尬问题，在细节中体现了更多生活的行为。注重满足年轻人所需的场景及关怀，布置了多个休闲的读书角。在居住卧室空间设计中，本案抛弃了床的概念，用地台来解决空间问题，把惬意与舒适展现得淋漓尽致。当下班回家时，黑夜渐渐布满天空，一盏氛围灯光打开，听上一曲轻音乐，舒服地躺在懒人沙发上，小酌一杯，也许就是年轻人钟情的生活格调。

RED CREATIVITY DESIGN AWARD

红创奖设计大赛

张春云

年度最佳设计作品
生活方式奖

获奖项目/Winning Project

多少

设计说明/Design Illustration

此案命名为"多少"，"多"代表对生活细节的考虑，从收纳、空气调节、灯光、置物、临时置物、色彩、衣帽存放方面，结合新中式需求来考虑，更多地采用一种"隐"的手法，比如书房采用人字顶设计，让人置身传统的空间当中，勾起对老宅坡屋顶的回忆。"少"代表删繁就简，去除繁复的中式元素，营造出一种轻松、适合当下人生活的空间环境。本案常住人口为两人，在平面布局上书房与客餐厅既分开又互为一体，只预留一个供女儿偶尔回来居住的房间。原有主卧的卫生间改衣帽间，增加收纳的空间。阳台做成了休闲阳台，也是喝茶的空间，同时融入了日式枯山水的设计元素，让人置身自然之中。材质选择上，墙面选用意德法家素色墙纸，橱柜选用意德法家色诱高光系列，门为色诱浅灰系列，局部选用见山水纹大理石，主卧背景为"雾"主题壁画，金属框收边，形成屏风的感觉。

RED CREATIVITY DESIGN AWARD

红创奖设计大赛

程心宇

年度最佳设计作品
生活方式奖

获奖项目/Winning Project

栖居滨江·诗意梦想

设计说明/Design Illustration

本案试图营造一种低调奢华的欧式氛围，一种既厚重华丽又具时尚特色的视觉效果。整个空间用硬朗的金属、石材与柔性的软装搭配，在米色釉面地砖的映衬下，家具和软饰和谐统一，简约中透出大气之风。客厅面积较大，用软饰搭配和绿植点缀来弱化空旷之感，简单的方池吊顶造型却有种磅礴气势。整个空间墙面采用灰蓝色打底，加上白色框线来造型，色调非常清爽自然。在细节处理上，浅灰与淡褐色布艺沙发，时尚且舒适，台灯、茶几及摆件都能看出有金属线条的搭配，彰显一种内敛奢华的韵味。就餐区同样选用灰色调，典雅的餐椅、芬芳的鲜花、釉面的瓷瓶等，每一寸都不辜负美食与生活。即使是过道，也要将美景尽收眼底，处处和谐融洽。满墙书柜＋储物柜合理地利用了空间，增大了收纳功能，黄棕相间的地板，与白色书柜和灰色沙发的搭配，视觉效果十分和谐。

RED CREATIVITY DESIGN AWARD

红创奖设计大赛

王金涛 年度最佳设计作品
生活方式奖

获奖项目/Winning Project

阳光的味道

设计说明/Design Illustration

设计方案把"回归自然，远离城市的喧嚣"的设计理念注入其中。简明轻快的氛围，明亮的空间，唯美的北美风格，不仅体现出一种回归自然的亲近感，更是一种纯净的艺术。走入玄关，一架原木方桌、一幅奥黛丽·赫本肖像画，配上黑色铁架与白色的纱帘，北美风格十分浓厚。客厅整体以白色和灰色为主色调。大面积搭配蓝色，用各种小物件来作为跳色点缀其中，多了一丝浪漫、一丝风情、一丝活泼和一丝温暖。餐厅依旧以原木为主材，餐桌椅简约而不失情趣。风扇吊灯是一大亮点，复古且充满情怀。两间卧室展现了两种不同的风情。阁楼的空间被打造成一个与众不同的书房，在坡顶上打开了一个天窗，弥补了顶部空间的不足，同时把更多的光线引进这个小空间。天窗下布置了一个非常舒适的小床榻，半卧着看窗外的风景，伴着阳光，清风袭来，十分惬意。

RED CREATIVITY DESIGN AWARD

红创奖设计大赛

彭元俊

年度最佳设计作品
生活方式奖

获奖项目/Winning Project

芽芽的新家住宅

设计说明/Design Illustration

设计师通过空间布局规划，把空间重新进行合理的划分，让家温馨自然。既有男主人日常相对独立的办公区域，也有女主人大展厨艺的施展空间，更有小小的宝贝女儿学习玩耍的自由区域。过道之间的双开门，使门内形成了一个套间，内部空间即独立又开放，一边是安静的休息区，一边是相对开放的学习区，使得两人工作休息互不打扰又相互联系。厨房空间不大，设计师给业主在餐厅区域又增加了一组橱柜，即满足了女主人在家烘焙糕点的想法，又增加了储藏区域。色彩运用上，设计师在空间中大面积使用高级灰，并且大胆的加入彩色，使空间在安静中富有变化。客厅电视墙的白色文化石及阳台上的一抹草绿，给空间一种清新自然的感觉。无论是书房沉稳的墨绿色，还是女儿房温馨可爱的裸粉色，每个空间都有自己的颜色，洋溢着主人对生活的态度。

RED CREATIVITY DESIGN AWARD

红创奖设计大赛

朱承兵

年度最佳设计作品
生活方式奖

获奖项目/Winning Project

摩登·简约

设计说明/Design Illustration

本案打造了一个温馨高雅的现代简约空间，以水银灰＋原木色为主色调，用水泥砖、艺术涂料为主要材质，将美学与实用相结合，展现着摩登生命力。本案最大的特点在于用看似简单的设计语言，将空间的一切皆少量化处理，注重生活方式的提升与重塑，满足生活的各种潜在需求，突显家的情调与温馨。总体空间将客厅、餐厅、厨房三个功能空间融为一体。在保留空间开放流动的同时创建分离分区，简简单单的流线型让视觉得到一种舒适的体验。家具有着细腻的质感，而地板与整体墙面形成浑然一体的视觉感受。室内地面、墙面及家具陈设等均以简洁造型、精细的工艺为其特征，注重品质感和细节处理，让每个元素都扮演着不可或缺的角色，将温度感和时髦态度融入设计，营造精致时尚的摩登生活。

RED CREATIVITY DESIGN AWARD
红创奖设计大赛

徐国军 年度最佳设计作品
生活方式奖

获奖项目/Winning Project
简·致

设计说明/Design Illustration

喜欢干净清爽的生活方式，于是房间有了素雅白墙和柔和地板；喜欢无拘无束的生活空间，于是房间呈现一派简单而自然的气息。一切，只希望能贴近户主的希望。从门厅开始，大量定制的储物柜体，满足了业主的收纳需求，拥有更多实用性空间。客厅中咖啡色模块沙发的拼搭，让空间更加灵活、多变的同时，色彩上又与窗帘相互呼应。合并后的空间部分隔墙被拆除，现在的客厅与餐厅之间，光线与空气实现自由地流通。黑色的桌子与餐椅、个性的吊灯，不论是造型风格还是色彩，都与整体的风格调性相符。定制的厨房区拥有足够的收纳空间，大小杂物及电器都可以被摆放妥当。黑、白与木色的相映共舞，让空间以艺术的形式去表达不同的故事。

RED CREATIVITY DESIGN AWARD

红创奖设计大赛

毛伟平
年度最佳设计作品
生活方式奖

获奖项目/Winning Project

倚春

设计说明/Design Illustration

客户是一个非常爱干净整洁的人，喜欢分类储藏物品，每一样东西都有自己的专属位置。本案房子空间不大，在设计客厅时，实现空间的开阔性就显得尤为重要。

设计师把客厅和书房的空间连接成一体，利用入户的鞋柜和过道储藏柜来规整空间，让电视背景墙整面石材和展示书柜相呼应，聚焦视觉点，产生不同的空间效应和氛围，同时很好地解决不同空间区域的收纳问题。餐厨一体的设计是一种很好的选择，缩短了功能空间，利用所需要的动线距离，又能让空间灵活变动。加上窄边钢化玻璃移门的设计，让空间也能"开合自如"。与友共饮依吧台，赏窗景；闭门开火做大餐，共团圆，可谓"能文能武"。主卧基本以酒店的标准来设计，简单明了的线条，半高的墙板，用玻璃隔挡的卫生间，简约与精致并存。

RED CREATIVITY DESIGN AWARD

红创奖设计大赛

张宁

年度最佳设计作品
生活方式奖

获奖项目/Winning Project

镇江驸马山庄

设计说明/Design Illustration

本案在 500 平的空间里，把中式精粹融入大宅设计，将琴棋书画的雅致与中国文化幽静深远的意境结合，呈现一种全新的名流生活方式。似帝王般的恢弘大气的客厅，以中式的手笔展现空间的富贵和祥和，硕大的大理石山水与白玉背景，尊贵、庄重气势不凡。红木家具的和谐运用，让空间多了宫廷般的气势和质感，错落有致，一步一景。背景墙则以红木边框与青玉石展现生活的品位。在客厅于走廊，大幅的山水石材无论是作为背景抑或是作为点缀，都别具蕴味和情致，流露出一种古代士大夫般庄重肃穆、宁静悠远的意境。结合室外中国式的园林造型，整体上营造了一个富有文化涵养的栖居之所：前有流水潺潺，后有山峦优雅。静室内檀香氤氲，文脉深厚，一茶一几，都如行云流水，恬淡安静。一书一画，仿若古人，含蓄蕴藉，不流于俗世，不染于尘埃。

RED CREATIVITY DESIGN AWARD

红创奖设计大赛

咸 伟

年度最佳设计作品
生活方式奖

获奖项目/Winning Project

而·蓝

设计说明/Design Illustration

蓝，是寂静的颜色。安安静静，更觉鸟鸣婉转。当我们回到家中，让节奏渐渐放慢，跟随那一抹晴空蓝，回归自然。设计的本质是利用空间并赋予其美感和意义。巧妙的空间设计，将激发强烈的使命感或深刻的反思。

进入室内，门厅柜与墙面结合，不仅可以充分利用空间，还能放置鞋子、包包、外套、钥匙等常用物品，大大满足了一家人的收纳需求。空间整体色调是白金色调搭配孔雀绿软装，轻奢而时尚。在材料上，使用浅色木饰面和白色石材营造一种温暖、自然、舒适的空间感受。大大的落地窗将外面的阳光和美景带入室内，使人心情舒畅，留给一家人亲近彼此、亲近自然的空间，去静享两个人的浮世清欢。问烟火，伴童真，甜美或鲜咸是即兴拿捏的和弦。

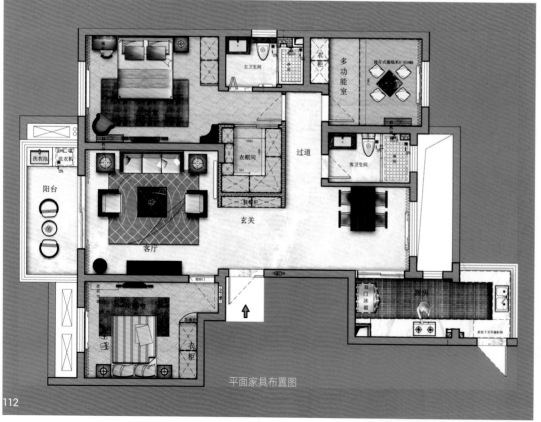

平面家具布置图

RED CREATIVITY DESIGN AWARD
红创奖设计大赛

李如华
年度最佳设计作品
空间创意奖

获奖项目/Winning Project
归影

设计说明/Design Illustration

原有的空间格局在改造后有了一个独立的门厅，一进门整幅的火烧云装饰画将你带入一个绚丽的空间。客厅深棕色的现代沙发调动着整个空间的风格，干净利落的色调犹如屋主人的性格与气质。大理石台面、金色柱脚的茶几大小相叠，一抹金色提亮了整个空间，精致中透着奢华，恰到好处地释放着现代时尚的气息。隐形门的设计让空间更加完整，无主灯的平顶让空间更加干净，点光源的布置打亮着不同角落的物体，让整体照明之外，营造着不同的空间氛围。餐厅选择高级灰的墙纸，营造空间的优雅与宁静，现代艺术的餐桌椅从灰色调中跳跃出来，大理石的餐桌与客厅家具遥相呼应，大幅的现代黑白抽象画成了空间的视觉焦点，使整个空间注入艺术中的"想象力"。

RED CREATIVITY DESIGN AWARD

红创奖设计大赛

唐 圣

年度最佳设计作品
空间创意奖

获奖项目/Winning Project

异域风情—东南亚

设计说明/Design Illustration

贴近于自然的东南亚风格，塑造出休闲度假的慢生活空间，仿佛步入了步调悠缓的异国他乡，让人身心放松、心情愉悦。本案在色调的选择上，选用了东南亚风情标志性的深色系，高雅素净，沉稳中带着低调的贵气。客厅以大气优雅为主，米色的墙面搭配民族风情挂画，别具一格的东南亚元素，使居室散发出淡淡的温馨和悠悠的禅韵。12cm 的踢脚线以冷静的线条，去除一切繁杂与装饰。餐厅在配饰搭配上，为了更显文化的融合与碰撞，专为此空间设计搭配了餐桌椅，将东南亚岛屿风情的设计元素结合在家具上，既特别又不失当代生活味道。整个空间的元素搭配起来，似乎每个装置、每个装饰语言，都在互相对话。纯天然深木色餐桌、色彩斑斓的挂画，在灯光下闪耀着华丽热情的光芒，散发着别样的异域风情。

平面家具布置图

次卧室
Bedroom

卫生间
Bathroom

卫生间
Bathroom

衣帽间
Dressing room

过道
Aisle

榻榻米
Tatami

主卧
Master bedroom

厨房
Kitchen

过道
Aisle

阳台
Gazebe

客厅
Living room

阳台
Gazebe

阳台
Gazebe

玄关
Entrance

洗衣房
Wash room

储藏室
Storeroom

门厅
Entrance

过道
Aisle

次卧室
Bedroom

卫生间
Bathroom

平面家具布置图

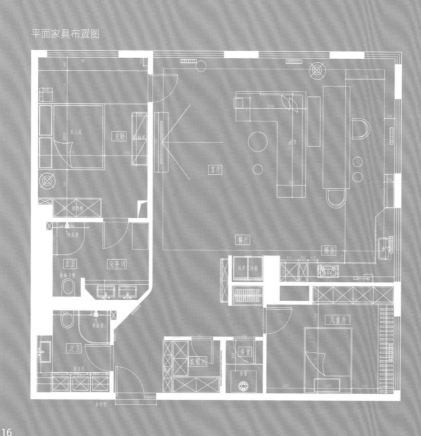

RED CREATIVITY DESIGN AWARD

红创奖设计大赛

陈 刚 年度最佳设计作品
空间创意奖

获奖项目/Winning Project

"无"欲而安

设计说明/Design Illustration

设计师结合客户的性格特点,以传统中式的桃木色、墙灰色为主色调,渲染中式自有的传统视觉感官,给人以安详、舒适、自然的感觉。用最简单的线条,勾勒新中式的深刻寓意,这也是新中式的至高境界。弯弯曲曲的小路引你通往风景幽美的地方,"千呼万唤始出来,犹抱琵琶半遮面"玄关就是这幅画卷含蓄展开的地方。木地板与瓷砖的混搭,刚柔相济,体现一阴一阳的中华之道。一幅寓意深刻的电视墙背景画,堪称整体设计的点睛之笔,黑为墨,白为纸,三笔两画,神韵皆出,寥寥数笔丹青,于方寸之间勾勒天地,于无画处凝眸成妙境。古典韵味的家具与空间中的留白相对,在虚与实之中,表达一种空灵深远的意境。客餐厨空间大而不空、厚而不重,有格调又不显压抑,无欲自然,可谓是零压力的享受家庭生活。

117

RED CREATIVITY DESIGN AWARD

红创奖设计大赛

张 华
年度最佳设计作品
空间创意奖

获奖项目/Winning Project

武汉天地·云廷

设计说明/Design Illustration

在整个项目设计中，材质及产品紧紧围绕着都市新奢华在进行选择。公共区域的过道石材同心圆图案为设计师原创设计，影木云纹中性色护墙，顶面铜条镶嵌，定制艺术壁画的混合搭配，体现出江景房的神韵。没有复杂的雕刻，光洁的地面和线条同时兼具了现代的审美。在整体色彩上以米色、咖色为主，蓝色布艺很好地缓解了大面积米色带来的沉闷感，更显得明亮大方。在功能上，做了起居厅和客厅的区域处理。进门玄关处，回避掉会客冲着大门的不适，有了相对的安全感。在厨房外的西厨区域设计了吧台区，一家人不用会客的时候，可以很方便地解决吃饭问题。主人房及女儿房、男孩房、客房都有独立的衣帽间及卫生间。除了居住的基本需求，在整个空间中还规划了书房、健身、储藏及娱乐的空间，真正将房主的生活需求融入其中。美丽的一线江景，房主将在这里享受自由生活的乐趣。

平面家具布置图

平面家具布置图

RED CREATIVITY DESIGN AWARD

红创奖设计大赛

雷文龙
年度最佳设计作品
空间创意奖

获奖项目/Winning Project

流入空间的自在与灵动

设计说明/Design Illustration

设计师和勒·柯一样认为真正好的设计是"敞开的",不单是形式上的开放,而是使人身处带屋顶的建筑中,依然能通过清晨的天光与夜晚的星芒,感受到时间的变化,体现人居与住宅的真谛。初入室,便让人有"260多平方米空间仿若400平方米"的感叹。自然的木色与素净的纯白,一俯一仰之间,演绎灵动而经典的现代风。餐厅则用实木造型的隔断巧妙划分,在插花瓶的装点下,尤为优雅别致。餐台、餐椅与客厅装饰风格保持一致,纱幔窗帘使得阳光自然投射,在这样的餐厅用一日三餐,感受晨光微露、正午暖阳、黄昏暮霭;感受时光与自然,好不惬意。在厨房区域,增添水吧台设计,满足住宅的功能性。精致俏丽的玻璃球状吧台灯,营造在此处饮酒、饮茶的浪漫情调。

RED CREATIVITY DESIGN AWARD

红创奖设计大赛

商儒男

年度最佳设计作品
空间创意奖

获奖项目/Winning Project

家的样子

设计说明/Design Illustration

回到家里，赤脚走到客厅里，躺在沙发上，茶几上的鲜花，扑鼻而来，释然了一天工作的紧张情绪。今晚没有奢华的酒宴，没有纷繁的人际关系，只有最亲爱的家人。客厅设计是整体家装设计的灵魂所在，也是最能够代表主人品位、内涵的地点。本案客厅设计采用极其简单的元素，彰显业主质朴，简单的品质，让主人回归简单的生活的同时，增添幸福感。家是容纳家人的空间，是记录回忆的载体，也是保存亲情的容器。并用简单的材质、色彩搭配，重拾家的质朴，设计师特别设计了许多家庭共享的区域。既有家人围坐一起畅谈人生，又或是茶余饭后话家常的空间，也有派对时光欣赏大片、纵情K歌的空间。让每一处细节都成为家人在一起的美好时光的记录者与家人一起的点滴光阴的美好。

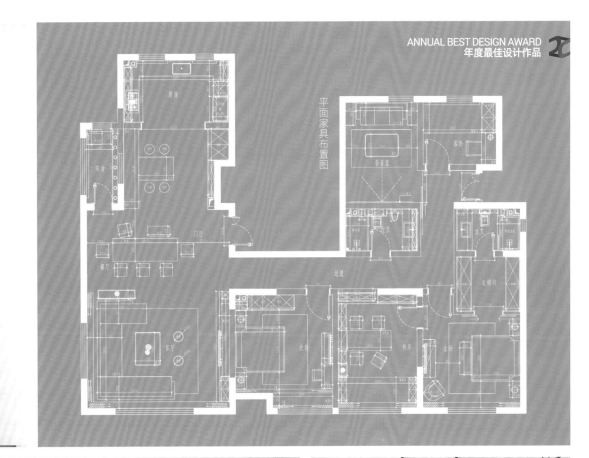

平面家具布置图

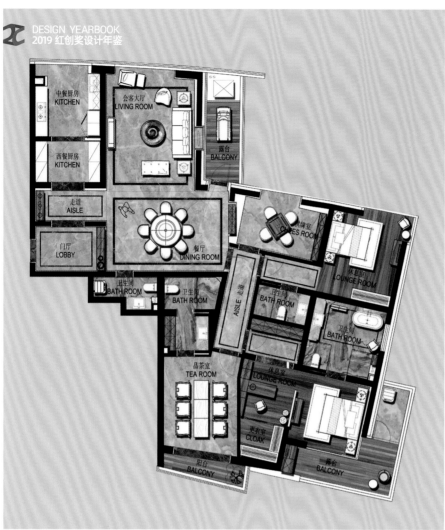

RED CREATIVITY DESIGN AWARD

红创奖设计大赛

周 赞

年度最佳设计作品
空间创意奖

获奖项目/Winning Project

无界

设计说明/Design Illustration

项目位于长沙市北辰定江洋，是长沙较为高档的江景房，站在家中就可以看到广阔的江面，独特的流线型建筑也是一道不可多得的风景线。本案进门原本是一个大的开敞空间，门厅、餐厅及客厅一览无余，区域划分不明显，给人以凌乱的感觉。设计师重新将各区域做了细分，在进门处设置了玄关，将厨房区域分成了中西厨两个部分，平日为一家准备一日三餐，空闲时带着孩子一起制作小点心，不失为一种乐趣。过道部分偏长，而且采光并不是很理想，所以设计师用浅色墙布修饰墙面，同时加入金属线条元素，在风格上与其他公共区域保持了统一性。客餐厅区域，由于原始的户型并不周正，所以墙面做了部分修整，并在墙面以木质的护墙修饰，选用玫瑰金色的金属线条作为装饰，更富有立体感。

王悠杨

年度优秀设计作品
优秀奖

获奖项目/Winning Project

日坛国际

设计说明/Design Illustration

本案主要以黑白灰色调，局部点缀亮色的方式带给年轻人欢快的生活氛围，运用天然大理石、高光烤漆护墙板，板式家具和木质推拉门的混搭运用，营造简洁、纯净的居室空间，让主人的身心得以彻底放松，同时带给主人直接、功能化、贴近自然、现代感十足的宁静、温馨的感受。HC 格子沙发和橘色餐椅的选择，使空间充满轻松愉悦的气氛，明亮、舒适、大气的空间，适合年轻人的都市情调。作为设计师的家，更注重空间的体验感受，以及对灯光、物品等观感和触感的细节把控。从入户到客厅空间逐渐变大，再从客厅到两个主要的卧室，从大空间到窄小的过道，再进入卧室空间，每个功能区的开与合，都是为完成从一个功能区到另一个功能区更好的心理过渡。

吴实权 年度优秀设计作品
优秀奖

获奖项目/Winning Project

水木年华

设计说明/Design Illustration

东晋谢混《游西池》："惠风荡繁囿，白云屯曾阿，景昃鸣禽集，水木湛清华。"最好的年华要在最美的家度过，余生有你，风景太美。整个客厅以灰色作为主色调，地砖选用质朴的哑光纹理，经得起岁月的打磨，不会褪色，墙面从浅灰的色调到顶面的纯白色，形成自然美妙的过渡。软装家具优雅的胡桃木线条，高档的真皮座垫及靠背，搭配一抹柠檬黄的单只沙发，让空间更显和谐。墙面的油画来自中央美院朋友的毕业作品，配以客厅的氛围，意境悠远、恰到好处。餐厅时尚个性的吊灯与胡桃木实木餐桌，提升空间的品质，墙面银檀木饰面板，把原先墙面的强弱电箱完美修饰，同时将次卧的门巧妙隐藏起来。一株白色的蝴蝶兰映衬着暖暖的灯光悠然绽放，见证着新年的钟声敲响，迎接新一年的幸福生活。

127

田亮泽

年度优秀设计作品
优秀奖

获奖项目/Winning Project

新新小镇

设计说明/Design Illustration

客户为一对中年夫妇，为人低调随和，本案创作灵感源于男主人儿时的梦想，希望拥有一个可以自己种花种菜的庭院，享受怡然自得的乡村生活。房间结构为上中下三层，一层为影音室书房等休闲娱乐空间，二层为会客室、餐厅、厨房、茶室及老人房，三层为主卧室、女儿房和衣帽间，设计师结合主人性情及需求，将风格定位于简约美式。淡雅的主题色调搭配软装配饰营造舒适、实用的主体效果，设计以轻装修重装饰为设计原则，重点强调空间及整体色调的把控。整体的色调以清新为主，硬装方面没有过多的装饰，软装方面使用一些跳色起到提亮的作用，三层露台的设计使得室内的环境与室外环境相互融合，纳景入户，便于观景。

李 杰 年度优秀设计作品
优秀奖

获奖项目/Winning Project

枯柏

设计说明/Design Illustration

本案由于所处楼盘中央，四处有楼房遮挡，室内采光较弱，仅在傍晚时有些许霞光映入玄关，故设计师在玄关设置了枯柏端景。傍晚的霞光飘落于枯柏之上，加以顶灯、射灯与灯带的照明氛围打造，衬托出主人如枯柏般的坚韧与执着。客厅在经过原始结构的改动之后视野更加开阔，顶面配以大型方正的天花。暖色灯光的选用，使得室内软饰得以呈现出应有的色彩。茶台是将原本餐厅位置进行了利用，在没有访客时，家庭成员在此处喝茶、挥洒笔墨，当客人来访时，则是亲朋交谈、饮食的绝佳之地。主卧室在入门处放置了一个摆柜，将床头位置进行隐藏门的收口处理，隐藏门的收口使得衣帽间、卫生间起到良好的分割作用。躺在床上、眺望远方，没有炫目的阳光，有的只是柔光交汇与闲暇适宜。

左磊

年度优秀设计作品
优秀奖

获奖项目/Winning Project

ABSOLUT

设计说明/Design Illustration

本设计方案采用现代风格，现代风格将装饰删繁就简，运用设计逻辑与美学理论将空间精致化处理，令其更具有记忆力与细腻触感，精致生活由此展开。不同材质的相互交融，让每个不经意的瞬间也变得如此暖心。人生最幸福的事，莫过于与家人一起坐在餐桌前享受美食，感受独有的温情时刻。流利的线条、柔和的色彩，处处流露出屋主人对时尚的追求。流线型的扶手，让楼梯更具时尚感。一个愉悦的空间，一种尊贵的生活，一方独享的天地，都在这里寻求最合适的表达。色块间的相互碰撞，让整个空间简约明快且品位不凡，自然的色彩与环境相互映衬，好似一曲交响乐，跌宕起伏。将设计融于人性，将家居带入休闲自在的情境。摒弃了繁杂的色调与修饰，以删繁就简的手法提升空间品质。

孟庆彬 年度优秀设计作品
优秀奖

获奖项目/Winning Project

放飞梦想

设计说明/Design Illustration

简约的设计，不简单的手法，让整个空间洋溢着现代感。灰色墙面犹如一块画布，让设计者尽情挥洒自己的设计理念。温馨、自然调性的咖啡色家具与安静、典雅的蓝色布艺相结合，使公共空间的视觉观感达到平衡。蓝天大海，具有自由宽广之意，用蓝色的清冷来调和咖啡色的热情，是十分恰当的选择。茶室是极具东方禅意的静谧空间，也是最体现男业主个性的空间。在嘈杂的社会环境中，需要"一方净土"来放松紧张的情绪、梳理繁杂的事务，以及自我放空、找寻自己的方向，同时它也是待客的好地方，约上三五好友，在一片香茗中谈天说笑，无限惬意。卧室则以"返朴归真"的理念，简化装饰手法，造型简洁的家具满足空间的功能属性。绿色代表着自然、活力以及生机盎然，这也正是睡眠带给我们的无穷力量。

薛 林
年度优秀设计作品
优秀奖

获奖项目/Winning Project

雍锦汇

设计说明/Design Illustration

平面布置尽量尊重原有的建筑设计，预留了长辈房、男孩房、女孩房、主卧四个房间和一个保姆房，规划了中西厨，尽量合理利用每一处空间。客厅里设置了一组大的书架，方便家庭成员闲暇时阅读，同时满足女业主收藏古典文学书籍的需求。客厅电视墙设有投影布、家庭影院和电视，以满足家人平时的休闲生活。装饰风格上力求简洁，手法上尽量克制，营造出简洁大方、温馨的家庭氛围。傍晚回到家中，享一顿美餐，高兴之余与家人共享一部影片，泡杯热茶，听一首歌曲，尽享家的味道。全屋配置智能系统，给予家人舒适的生活，智能灯光、起夜灯方便老人和小孩的日常起居，全屋背景音乐让家庭充满温暖而且放松身心。当清晨太阳升起，窗帘自动缓缓打开，太阳一点一点的照进来，伸一伸手臂，看看还在睡梦里的小朋友，幸福而温暖。

郭 平
年度优秀设计作品
优秀奖

获奖项目/Winning Project

冬青

设计说明/Design Illustration

"精于心，简于形"的简美风格将一切简化，在设计细节上更用心、贴心。简约的空间设计非常含蓄，往往能起到以少胜多，以简胜繁的效果。艺术创意宜简不宜繁，宜藏不宜显，这些都是对"简洁"最精辟的阐述。本方案的户型通透方正，并不需要做太大的改动，没有繁复的空间布局，没有多余的设计，在满足客户基本家庭需求的同时，每处都格外干净利落，简洁而优雅。值得一提的是，我们将入户右侧的墙体打掉一部分做出凹陷的拱形造型，将鞋柜归置于此，不仅节约了空间，同时形成一处玄关，增加入户的仪式感。配色方面，以简单、素雅为主，采用暖咖为主色调，辅以浅色的家具软装，在一些小物件上做了跳跃的色彩穿插，简单的色彩搭配，给人明亮又恬静的感觉。

邓运路

年度优秀设计作品
优秀奖

获奖项目/Winning Project

夏日

设计说明/Design Illustration

生活的理想，是为了理想的生活。创造合理、舒适、优美的室内环境，是以满足使用与审美要求，在满足人们社会活动与生活需要的同时，合理地组织与塑造具有美感又舒适的室内环境。它不是一所房子，而是一个家，是极为个人化的空间，是一个完全放松的世界。在这里，你可以完完全全地做自己，不用顾忌世俗的感受。这是你未来 5 年甚至 10 年的港湾，它足够舒适、足够温馨，让住在里面的人足够幸福。美式风格所独有的轻松休闲的家居生活环境，是每一个热爱生活，对家居生活有高品质追求的人们共同的向往。美式的细腻与自由，散发着复古怀旧的情怀，在细节处体现前卫的现代感。在设计手法上注入几分情愫，融入自然的色调与舒适感，呈现出生活的原始基调。创新精神、可变化的强调，让空间充满人性化气息，饱含细化理念。

潘 攀
年度优秀设计作品
优秀奖

获奖项目/Winning Project

NO.9

设计说明/Design Illustration

简约更注重实用与品质，将设计元素、色彩、照明、材料简化到最少的程度，但对质感保有极高的要求。空间设计通过含蓄的手法，追求以少胜多、以简胜繁的境界。注重实用性、品质感和细节感。客厅除了 Elephant Chair，Rochebobois 经典沙发，简单几件家具组合，以及墙面一幅装饰画外，再无其他装饰，硬装的黑白灰只是铺垫，色彩跳跃的家具为空间增添青春活力。厨房与餐厅间选用通透的玻璃推拉隔断，提升整个区域的空间感，阻隔了烹饪过程的油烟，同时增加餐厨空间的互动性。围着圆桌吃饭是中国人最常见的生活场景，那种其乐融融的气氛一下子就让餐厅充满幸福感，平时大家都在忙碌拼搏，唯有此刻享受美食，分享欢乐。洁白如玉一尘不染的卫浴空间，除了对功能的追求外，一切都是最简洁的配置。

萧 莉

年度优秀设计作品
优秀奖

获奖项目/Winning Project

复地御钟山

设计说明/Design Illustration

葛兆光说："人们除了那些看得见的生活之外，总在追寻一个问题的答案，即人存在是为什么，怎样才是最好的生存状态，这种生存状态能否成为人生的更高境界，这些才是人之为人的独特之处。"对于本案的业主而言，什么才是最好的生存状态呢？80后、金融行业、热爱旅行、钟情音乐，寥寥数语勾画出一个年轻独立的轮廓。说到底，最好的生活状态不过就是：一个人时，安静而丰盛；两个人时，温暖而踏实。每一处细节都与人密不可分，都出自生活之中，回归本源才是最合理、最巧妙、最智慧的设计。本案产品的选配，以专业化的生活系统规划为向导，遵循设计的生活逻辑，从入户门厅到客厅、餐厅、厨房，再到生活起居室、卧室等，体现出细节的考量，用润物细无声的方式，实现"人居合一"的家居生活！

尹浩凯 年度优秀设计作品
优秀奖

获奖项目/Winning Project

黑与白

设计说明/Design Illustration

本案定位为简洁明快的现代风格，黑与白色彩对比明晰，简洁大方不失温馨，添加木色缓和基装中黑白的强烈对比，削弱视觉的反差。空间在精心设计中更加温馨，生活在悉心酝酿中更富有质感！原户型客餐厅是错层关系，分布在两个独立的区域，彼此泾渭分明，客厅背面是卧室，使得客厅与其他区域分离，视野局限。在满足业主对房屋功能需求的基础上，将客厅背面的原卧室墙面打开，作为独立的餐厅使用，客厅、餐厅形成贯通，宽敞而明亮。原餐厅的区域设西厨，简餐亦或备餐。主卧套房设计，考虑预留陪护宝宝的空间，婴儿的睡床放在主卧床旁边，学龄前儿童可在隔壁卧室里休息，这样不仅培养宝宝的独处能力，同时也方便父母照顾，空间也有了相对的私密性。

王建锋

年度优秀设计作品
优秀奖

获奖项目/Winning Project

秋实

设计说明/Design Illustration

本案运用现代的表现手法来打造东方美学的韵律,将中式元素与现代时尚巧妙糅合,体现社会都市精英圈层所追求的雅致生活,中式素雅、气质之美。一切以功能出发,注重空间收纳和人文情怀。为了满足男女主人各自喝茶和品酒的爱好,设计师重新规划了阳台的布局,利用落地推拉窗的形式把原有的两个阳台纳入客餐厅的空间,增加茶室和品酒区,满足了功能和室内的采光,同时把室外的景观引入室内,表现出人与自然的和谐之美,美不胜收。餐厅酒柜时尚简约,以中式的韵去融合客厅的味,背景墙的山水硬包使整个客厅灵动有神,蕴涵东方之美。设计师用灰、黄、蓝色调的视感差与几何造型的艺术张力来打造出"春华秋实"的居住品质,使空间散发精致时尚的都市魅力,带有触及灵魂的轻奢与禅意宁静。

刘会娇

年度优秀设计作品
优秀奖

获奖项目/Winning Project

格调

设计说明/Design Illustration

目光若净，你会看到，世事纷扰，哪有蓝天广袤，五味杂陈，怎及静水流深。却原来，山不语，姿势巍峨；月无言，自是高洁！所有的交错，只是一种直觉，唯有简单，才是一种丰富的沉淀。本案业主希望在家里可以拥有简单舒适的生活状态，精致、舒适、轻松、不失格调。都市人的每一天，急躁与静谧的时光不断轮回，家是一个安静的容器，居者能享受这份安宁，面对都市飞快的生活节奏，迟缓，一段真正属于家人的时光。在整体结构设计上，空间以简洁形体组成，强调空间的色块关系。大量柜体的运用，让极简的空间环境体现细节与实用性。白灰色的地砖与天花墙体，配合部分暖灰色系的木饰面，简单的材料关系，便创造出一个宁静的室内空间。阳光与色彩丰富的家具让家充满温暖的氛围，家具中皮的质感与布的温馨传递着舒适与温度。

惠晓飞

年度优秀设计作品
优秀奖

获奖项目/Winning Project

一抹微蓝、半米阳光

设计说明/Design Illustration

设计师以蓝色作为贯穿全屋的色彩搭配，家具本真的木纹感是最舒适的色调，大面积的米灰色护墙处理让空间对光线产生更多的折射，少即是多，一抹微蓝、半米阳光便是如此。轻开大门，蓝色的电视背景墙格外吸睛，整体通透明亮，惬意的家居氛围从来都不应该是刻板的摆放，所有的一切都应该以居住者的生活习惯去塑造，并匹配屋主对布料的色彩度及单个小摆件的喜好。以简约墨绿的色调搭配深色的原始家具，张弛有度，强调色彩的沉静和造型线条的简洁。下午时光，宁静、舒适的绿色单椅，香意盎然的咖啡，看着花园美景，闲暇之余，捧一本喜爱的书，赤脚靠于卡座之上，就着窗外鸟语花香，就此沉醉亦或成眠。清晨，拉开窗帘，映入眼帘的便是一幅动人的画卷，那日出晨光，那娟娟鸟鸣，新的一天总是有着惊喜。

余 渊 年度优秀设计作品
优秀奖

获奖项目/Winning Project

含江露月

设计说明/Design Illustration

本案设计师通过主人的特性，将一个家庭的处世准则具象开来，并加以提炼转化，展现出大气、方正的居室氛围。全局颜色选用富于古典内涵的钻蓝作为整体基调，黄色点缀其中。蓝是君子沉稳，黄是生机活泼，各司其职，各尽其用。玄关柜渐变纹理让人想起袅袅炊烟和雨后江南的乌瓦白墙，那是静的，也是动的，是闲静的，也是温柔的。主卧及次卧的蓝配以成熟的灰，大气内敛，握瑜不显。布局上抛弃死板单纯的墙面隔断，采用传统木质拱门式过道作为通道及隔断，营造移步异景的趣味，空间既分隔又连接，弧形设计柔化过于方正的外形空间。从中餐厅吊顶到地面波打线无处不体现出一种方与圆的融合，深棕暖色木质，无色系白色地砖配以温暖柔和的布艺，从餐厅到客厅，君子的为人处世之道，在这小小的材料转换之间默默诠释。

成文祥

年度优秀设计作品
优秀奖

获奖项目/Winning Project

远洋心里

设计说明/Design Illustration

本案原户型厨房空间划分较不合理，结合主人的家庭成员结构及生活习惯，设计师在原格局的基础上，减除掉客卫功能，扩充厨房的使用面积，使其更具实用性。入户两侧墙面重新进行功能梳理，多功能收纳柜的设计美观而实用，大大提升了居室的储物功能。书房墙体打通后，采用通透玻璃隔断区分客厅和书房，以达到增加公共空间层次和采光的效应，增强空间交互性的目的。由于整个公寓的采光比较好，装饰效果上以简单清爽的处理手法，打造轻松愉悦的空间氛围。地面大量使用浅色木地板，其间加入蓝灰色柔软的沙发和黄色的窗帘，点亮空间色彩。富有基调的高饱和色系、胡桃木元素、金属质感及大理石材质作为点缀，时尚又不失沉淀感。

金 鑫
年度优秀设计作品
优秀奖

获奖项目/Winning Project

融

设计说明/Design Illustration

设计定位于现代，在细节里彰显。"心静、思远，志在千里"的东方神韵。无论从立意上，还是表现手法上，意大利现代风格与东方禅意在文化内涵、空间情感、色彩展现上都有很好的共鸣。它既是一种传承，亦是一种升华；它既汲取东方文化的传统意境精髓，又致力于发展和倡导优质的意大利优雅生活理念及人居合一的现代设计精神。起居室具有代表性的意大利现代风格家具配上东方留白的空间处理手法，使空间拥有饱满的视觉感，同时放大空间的尺度，追寻内心宁静与生活本质，纯色配饰点缀其间，空间静中有动，含着自然质朴的东方人文气息。开放式中岛台连接餐厅空间，东方红色与瞩目的金属器具相映成景，简练流畅的线条为空间注入清雅隽秀的气质，温厚敦实的木质餐桌搭配白色牛皮餐椅，质朴素净，浓淡相宜。

143

安玺诺

年度优秀设计作品
优秀奖

获奖项目/Winning Project

绿岛梦

设计说明/Design Illustration

与业主相识于十年前，经过多年的努力与拼搏在杭州市中心的黄金地段购置了这所上世纪90年代初的老房子，设计师继而定下了这套房子的设计基调"对独立女青年在城市打拼的写照，追求生活的品质，不将就不妥协，过好自己的小日子"。房屋虽然只有55 m²，但功能需求一个都不能少，同时还要有品质的提升。一体式敞开厨房、餐厅、客厅将空间实用面积扩大，同时将南北的光借进室内。内嵌式冰箱，蒸箱，减少了空间的占用，也能够满足厨房的基本需求。宽敞舒适的大床，书桌与化妆台兼备，步入式的衣帽间，是所有女孩儿时的梦想与期望，在这个小小的空间中，一应俱全。窗边与地板一体化的橱柜将洗衣设备隐藏于内，生活阳台休闲与储物的功能协调共存。床背景定制的佛罗伦萨街景水墨画，把梦境带入大千世界的每个美好场景。

李 辽　年度优秀设计作品
优秀奖

获奖项目/Winning Project

双河湾

设计说明/Design Illustration

现代港式风具有很强的包容性和自由表现力，所以港式相对于别的风格，随意性更强，可以呈现出时尚、轻奢的多元样态，能够充分展现屋主的个性、灵魂及喜好。本案以金属色为主，搭配经典的黑白灰，注入咖色、米色、暗红色，奢华而不失时尚。精致优雅的装饰，体现轻奢高级的设计定位，更展现出主人尊贵的身份象征。设计师在局部细节的设计之中，融入到主人生活的点点滴滴，每一个角落散发出主人不俗的品味与爱好。阅读是人生中一种必不可少的生活姿态，设计师专门为主人及孩子打造了一层的休闲阅读区及二层的起居空间，让一家人既可以享受欢快的亲子阅读时光，又可以安静地当个倾听者，陪伴孩子练琴弹奏，亦可临时处理一些未尽的事宜。

45

朱文渊

年度优秀设计作品
优秀奖

获奖项目/Winning Project

空白格

设计说明/Design Illustration

本案从极简出发，由三个关键词贯穿始末，"空"是具象的空间，具有昭示性，人与空间个性相合，具有相似的生活观念，才是设计背后的逻辑，仿佛一切随缘，又冥冥之中早已注定，犹如本案设计师与屋主在设计过程中一起经历的故事。"空"亦是抽象的氛围，如同本案所营造的极简之境，乍看空空如也，实则大有深意。空间与氛围，前者是设计的基础，后者是设计的意义。"白"，白色的墙面，白色的吊顶，白色的地面，白色的柜板，白色的瓷砖，白色的台面，每个空间都印刻着白色。白色，意味着纯洁、美丽，抑或是神秘。"格"四条线两两相交视为格，配以与白对立的黑，再将黑白容于一处，是棋盘上的黑白子，是钢琴之内的黑白键，更是哲学之中的阴阳圆。

史 峰
年度优秀设计作品
优秀奖

获奖项目/Winning Project

东方韵味

设计说明/Design Illustration

延续传统中式精神，突破原始框架。寻一处理想之所，安放身心与灵魂，这是人们心之向往。对于中式设计，与其说是一种"风格"，倒不如说是根植于中国人心中的情怀和生生不息的文化传承，五分优雅、三分高贵、两分随性，便氤氲出一段温柔时光，大千世界、纷繁复杂、纵使日理万机，终不负诗情画意。本案设计，力在营造极具生活品质感的沉稳、雅致的当代中式风格空间。雅致、舒适、自然，身在城市，心归山水之间，身在当代，亦能体验悠悠古韵之美，不"破除"、不堆砌，从"温故而知新"的角度认知并发掘传统文化的精神层面，从传统中式中汲取设计灵感，结合当代设计手法，解读出新的设计语言，这是在本案设计中对传统文化进行传承和创新的态度和理念。

张 城
年度优秀设计作品
优秀奖

获奖项目/Winning Project
琴键

设计说明/Design Illustration

钢琴家在创作时，以羽毛笔蘸黑墨水在白纸上谱写音乐，是一种意识形态，音乐与黑白有相关性，生活与艺术亦是如此。客厅白色的背景墙与黑色的皮质沙发带来强烈的视觉冲击，墙面由直线均分，黑色皮质沙发，如烤漆般泛着光泽，像黑白琴键带来的愉悦韵律，引人无限遐想，用最简明的方式呈现艺术与生活交融的浓郁氛围。顶面流畅的黑色线条，简单利落又强调了纵深感；金属的质地色泽，在黑白分明的主调下，随性却又带着精致的轻奢感。以装饰为名，画作内容并不紧要，却赋予可思索的意境，配以小巧可爱的麋鹿摆件，玄关也别具一番景致。房子如同钢琴，居住在里面的人亦如琴键，一家人共谱写幸福的乐章，设计师以家为源，致敬生活，于主人是最好的馈赠礼物。

胡 蒙　年度优秀设计作品
优秀奖

获奖项目/Winning Project

Towards Nature ｜静·自然

设计说明/Design Illustration

家能否赋予居住者安全感，在于其中氛围的营造，那是精神上的饱满与充实，而不仅是物件的装饰和堆砌，本案在简明设计中更具有深度的体现，在现代风格下，材质与光源的巧妙运用，规避过度高冷的气质，着重体现家的温暖。偌大的落地窗，为室内带来充沛的自然光，卡其的温润主调搭配暗棕的沉稳，如巧克力融化于热奶茶，浓郁丝滑。空间布局上，遵循分区不分气的原则，空间形态自由开阔，同时减少因隔阂而产生的疏离感，让室内各处，都能其乐融融的互通亲昵。在取材上，更青睐于原生态的石、木、棉麻布艺，用忠于自然的生态打造细腻纯粹的优雅格调，就餐区的后方，设有大面积的置物柜，可用于日常酒品、茶罐、书籍的存储。写意饰画用黑白灰的艺术笔绘，使空间的内敛气质得以提升。

149

岑妙央

年度优秀设计作品
优秀奖

获奖项目/Winning Project

原

设计说明/Design Illustration

项目名称取名"原"，是希望人回归本真，拥有舒适的生活状态。得以与业主相认识，得其信任，共同创造幸福空间，亦是"原"来如此的美好。结构主体运用石与木独有的生命力，交织出或平静或躁动的跳跃，空间中流动着深沉的人文风华与和美韵律。空间基底色调采用大地暖色系，各种深浅褐色与调合的棕、灰、白色系形成画面的协调感，同时丰富而多变，大气稳重的色彩搭配彰显出男女主人不凡的格调与气质。步入厅堂，餐厅的错落酒柜给整个空间增添了一分跳脱自由之感，橘、蓝、黄穿梭于客厅、餐厅其间，俏皮跳脱，富于孩提的童趣。主卧电视柜的蓝灰色与卧室背景的暖灰色，一冷一暖，层次感鲜明，木色融入在灰白房间里，柔和着空间氛围。

宋小华 年度优秀设计作品
优秀奖

获奖项目/Winning Project

思静都市

设计说明/Design Illustration

玄关铁艺的隔断与挂表，交错呼应，虚实之间有效区分入户与用餐空间，起到缓冲过渡的效果，同时扩大了餐厅的空间感受。客厅以现代风格为主，混搭工业风的元素，用木质冲淡工业风的冰冷，暖色作为空间主色调，加入冷色调作为点缀，增强空间感。设计师充分利用生活阳台，打造功能、收纳兼具的多用空间，书柜延伸出吧台书桌，作为女主人的"书房"，便于日常的写作、阅读。厨房与整体风格统一，以黑白灰为主调，橱柜市面选用高光白，台面选择纯黑色，一白一黑间尽显主人简单、纯粹的生活意趣。为满足主人大量衣物的展示与收纳，将主卧室原有的入口方向进行了调整，同时将原卧室走廊纳入其中，打造成主人专属的衣帽间，大大提升了空间的品质。主卧室床头背景的粉彩蓝色与布艺深浅咖色的搭配，高级感十足。

李 燕

年度优秀设计作品
优秀奖

获奖项目/Winning Project

轻悦·和谐

设计说明/Design Illustration

美式轻奢风格，一向通过深层次内涵和低调奢华的表达彰显房主品位，本案渲染着美式的简约、奢华，又不露痕迹。简约却不简单，是有限空间的无限容纳。客厅交颈天鹅组成"心形"的挂画散发爱的气息，米白色沙发宽敞舒适，小巧归整的美式方形茶几，温暖大气的壁炉，精心挑选的花瓶，是一种精致安静生活的缓慢呈现。餐厅圆桌适合团聚，一家人其乐融融共进晚餐的画面温馨美好；液晶电视满足主人用餐时喜欢看新闻的习惯；餐边酒柜可以收纳主人收藏的各种名酒和装饰品。厨房油烟区与无油烟区的功能分隔，既符合中国式家庭的烹饪习惯，又适合现代都市生活的快节奏。整个家居既富有青春的气息，又适合一家人安享家庭和美，简约中包含着无尽的奢华。

李小玲

年度优秀设计作品
优秀奖

获奖项目/Winning Project

苍南绿城玉兰花园

设计说明/Design Illustration

男女业主均为公务员，房屋预备为退休后养老所用，同时结合主人的喜好，本案设计最终呈现为简洁大气的新中式风格。中国风并非完全意义上的复古明清，而是通过现代人生活方式演变成中式风格的特征，表达对清雅含蓄、端庄丰华的东方式精神境界的追求。新中式装修并不是传统文化的复古装修，而是在现代的装修风格中融入古典元素。它不是 "1+1=2" 的简单堆砌，而是设计师根据经验、驾驭设计元素的能力，以及对所面对的业主的深度分析后得出的一套 " 量身定制 " 的方案。背景墙与沙发简洁干练，墙布的细腻纹理像白墙一样，质感中不失细节，减法的装饰让空间非常惬意舒适，全屋满铺的"鱼骨拼"地板让单一的地面材质不再简单，赋予空间立体感。餐桌的摆放是一门艺术，餐具的色系与餐桌色系元素统一，体现主人不俗气质。

牛伟华

年度优秀设计作品
优秀奖

获奖项目/Winning Project

留得残荷听雨声

设计说明/Design Illustration

我们要将生活打磨成什么模样？是窗明几净下与你席地对坐饮茶，是摇曳竹影中提笔不为风雅。远离都市的喧嚣，寻一方净土，慢下来，聆听岁月无痕，品尝生活百味。托赛里的小夜曲深情款款，撩拨出古树普洱绵长的松脂味道，忽见一朵浪花踏歌入海的泳姿雀跃尽欢，今日的好心情在笔端行走得有些慵懒。与思绪一起皈依的，有回味悠长的人间烟火，还有古意安宁的生香活色。温一盏桂花相思酿，摘一曲宋词对倾赏，一花合欢温心志，是信手拈来的东方古意，竟也能惊艳两个人的素常岁月。一组八仙椅，一缕闲时光，一众志趣友，于曲径通幽处，倾心布茶盏，笑谈四季流转，对饮天高云淡。和世界相处越来越达练，此时比彼时更坦然，与理想交情越来越炙热，往后余生都是诗。

张俊熙 年度优秀设计作品
优秀奖

获奖项目/Winning Project

风度

设计说明/Design Illustration

本案注重装饰效果，用室内陈设品来增加文脉特色，运用家具和陈设品来烘托室内环境气氛。起居室，一家人每天聚集于此。宫廷一号的沙发茶几组合配上地面不规则形状的石材地面拼花华丽而不张扬，典雅而不奢华，是主人喜欢的生活格调。象牙白色木作搭配色彩雅致的壁纸韵味十足，影视墙大理石背景结合护墙板隐形门设计别具一格，这不仅是一种风格，更是一种生活态度。餐厅运用顶底呼应的设计手法，使圆形的造型吊顶、圆餐桌与地面的圆形地拼相呼应，体现出呼应之美，墙上的挂画"风度"也是本案的名称由来，蕴意十足。卧室床头背景象牙白色护墙板搭配银色软包效果非常舒适典雅，纯铜的水晶吊灯及壁灯、台灯、地毯、人字拼的木地板突显出精致的生活态度。

张俊杰

年度优秀设计作品
优秀奖

获奖项目/Winning Project

沐春

设计说明/Design Illustration

本案为 160 ㎡大平层，临湖而居，室内整体为现代简约风格，设计师倾力打造一种"简约而不简单的风格"。生活在繁杂多变的世界里已是烦扰不休，而简单、自然的生活空间却能让人身心舒畅，让人感到宁静与安逸，因此，空间在装饰处理上力求表现自然轻松的情趣，大面积的原木色护墙板搭配鲜花、绿植散发着浪漫温馨的情调，如沐春风，缔造出一个令人心驰神往的写意空间。在无国界的国际化视野下，高速运行的商业节奏，我们还有多少时间和空间属于自己？在生活与事业模糊的现状下，请无需刻意的做取舍，也请不要把它作为负担，淡然地面对并从容地驾驭这种状态，从中找到属于自己的价值与乐趣，不拘于一格，不恪守陈规，要善待自己就必须乐在其中。

陈 斌　年度优秀设计作品
优秀奖

获奖项目/Winning Project
中国院子

设计说明/Design Illustration

寻一处宅邸，度安然一生。古朴自然的中式家具，曲径通幽的优雅庭院，心中所想的世外桃源，在这里，都将被实现。推开古香的大门走入另一个国度，如果在纷扰的世间感觉累了，不如在这里享一份清欢，屋顶瓦砾上的白雪，雕花走廊里的风月，每一处的设计都隐藏了对生活的向往。一片青瓦，一角飞檐，看蓝天白云，云卷云舒，失去太多也不必遗憾，万事万物都遵守着能量守恒，失去太多的时候也是另一种拥有的开始。坐在摇椅上，看阳光穿过屋檐洒落在地上，不要为一些事情过度烦忧，乐观一点对待生活，相信没有什么过不去的坎儿，寻一茶室，安放我心，煮一壶茶，品一口香，加上字画、古玩、盆景，精致工艺品的点缀，更显主人的品位与尊贵，品一道佳肴，娓娓道来一段故事，不慌不忙的节奏刚刚好。

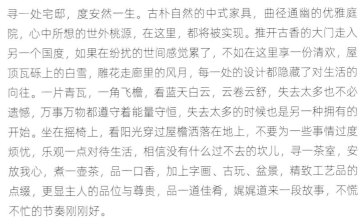

157

夏 超

年度优秀设计作品
优秀奖

获奖项目/Winning Project

巴黎之舞

设计说明/Design Illustration

法兰西负责诗情画意，设计师负责挥洒浪漫，巴黎之舞若不动人，人间再无浪漫。现代法式风格，更像是一种多元化的思考方式，将怀古的浪漫与现代人对生活的需求相结合，兼容华贵典雅与时尚，反映出现代个性化的文学观点和文化品味。这是一个色彩平衡，简约而不简单的别墅空间。客厅玲珑精致的铜艺吊灯搭配镶金边曲线造型的桌椅，呈现出法式的浪漫奢华，开放式的空间结构，庄重大气。空间中复古的装饰物从细节之中提升了空间的格调，一点一滴的堆砌出整个空间的韵味。餐厅延续了客厅的蓝色基调，靠背餐椅上纯净的蓝色携一抹醇厚清丽，缓缓弥漫空间，地面拼花与天花的浮雕，彰显几何的美感。主卧以纯洁的白色刻画浪漫，点缀的蕾丝、窗幔烘托出意境的朦胧美感。

陈真龙 年度优秀设计作品
优秀奖

获奖项目/Winning Project

林语阁

设计说明/Design Illustration

独具韵味的新中式风格，以承载于纵深、叠迭的室内空间，拥有特殊东方魅力的同时又被赋予现实主义与体验至上的优雅基调。踏入门厅，越过玄关，穿过层叠的廊道，欣赏着、感叹着。在室内竟有着漫步于山石园林之感。树梢含雾，松针吐翠，天光水色皆在廊墙壁画之上，宁静致远。除此之外，书房与主次卧遥相呼应，各占一隅。书房的灵动随性，繁复而无伤皎美；与卧室的幽静从容，简洁而不失张力相异而成。所产生的色调相异、色块相驳，虚实结合让室内空间得到质感与景深的升华。移步换景，来到横跨主次卧的观景阳台；这一方宁静之所带来的不仅是新鲜的室外空气，更使人不会困于复繁的室内，"阳台云易散，往事寻思懒。"它所替代的，是庭院的悠闲与雅静，所承载的，是现代生活中每个人所需要的："心灵上的休憩"。

晏宏波

年度优秀设计作品
优秀奖

获奖项目/Winning Project

东情西韵

设计说明/Design Illustration

本案设计师以质朴，大雅的中式风格为主调，满足业主的生活需求。客厅中式风格的古色古香与现代风格的简单素雅自然衔接，使生活的实用性和对传统文化的追求同时得以满足。沙发背景墙简单的造型，在醒目的位置摆放中式隔断屏风，给人强烈的视觉冲击，与之红木家具营造强烈的中式风格，电视背景墙运用大理石做造型，回字顶添加装饰角线，丰富原结构的呆板，烘托简单质朴的氛围。厨房留有大量的空间可以容纳更多的人，方便有客人时可以互相交流分享美食，体验美食的魅力。餐厅由圆形桌椅和圆形吊顶与之相呼应，角柜和储物柜来满足业主储存功能。波打导线简洁的直线条，再以一些简约的摆件造型为基础，使其整体空间感觉更加丰富，有格调又不失内涵。

曾蓉 李佳

年度优秀设计作品
优秀奖

获奖项目/Winning Project

星辰海

设计说明/Design Illustration

繁华都市，寂静夜空，褪去一日的疲惫，日月、星辰，湮没在大海的旷野。追梦人，在梦中，一切的一切都是那么的暖人心意，打开夜的天窗，追随内心，梦随远方。我们梦想之家是随意的，在这里没有拘束，但它是一个有逻辑的空间，空间的功能和细节，都必须精心处理和体现关怀。虽然设计师设计过很多的家，但在设计自己家的时候，并没有风格的定义，而是功能至上，不断研究、探寻每个居住者的生活方式，综合所有需要的元素，有机构造成一个和谐、温暖、舒适的家。海洋与天空的色彩，如同它的天气一般神秘莫测，时而和风细雨，时而惊涛拍案。因此蓝色总能带给人无穷的想象空间。蓝白色搭配，带来清凉优雅的舒适感，灰咖色的木作的融入为整个空间增添了一份沉稳。软装搭配选用静谧的藏蓝色窗帘，藏蓝色皮质沙发，胡桃木质感家具，本铜色的灯具和铜制金属线条的搭配，相互呼应。

李宜阳

年度优秀设计作品
优秀奖

获奖项目/Winning Project

轻奢

设计说明/Design Illustration

本项目可以一览梅溪湖美丽的湖景，为了让湖景房发挥最大的价值，把原本狭小的餐厅扩大，视线得以开阔。在平面布局上尽量利用空间，让收纳空间最大化，注重实用与功能同步。注重细节与思想的表达，让奢华贵族气质在简洁时尚中流淌，轻奢空间褪去了顶级奢华的尊贵和庄严，以更实用更具品味时尚的方式打造细腻而轻快的奢华风格。以优雅、摩登、精简的现代设计造型、色彩、自信满满走在时尚前沿，抽象的艺术画作及配饰，如同梵高的向日葵，代表温暖与浪漫，也是丰收的象征，将这种情怀带到了其他各个空间，增添了几分温婉之情，和窗外优美的湖光山色也形成了很好的色彩平衡，空间是可以被细细品酌的，细节上的趣味为居住者谱写了一种独具韵味的生活场景！

吴 极
年度优秀设计作品
优秀奖

获奖项目/Winning Project

流金岁月

设计说明/Design Illustration

第一次见到女业主，很惊艳。四十来岁，精致美丽，高雅大方。房子偶尔来住，希望温馨舒适优雅，谈笑间，感知她对生活的追求与热爱，同时有着较高的品位。喜欢欧美风格的柔美，时尚而不堆砌，明亮而不失浪漫。风格上运用重复、放射、不规则的线条和图案，鲜活跳脱，米黄色加入深咖色再配上时尚的莫兰迪雅致蓝色，使空间灵动的流淌着艺术气氛。这是美式风格独有的无拘无束，一种时尚活跃的生活方式。本案以简洁的线条勾勒了空间的结构感，逼真的仿大理石地面，高贵的鎏金墙布，让空间安静休闲，墙面采用暖色系，让到达家里的每一个人都感到这个家的温暖，心灵得已抚慰。同色系的实木家具，柔软的绒面布艺沙发，精致的手工油画，让环境更有层次感。诠释不一样的美式奢华。中央空调、地暖、新风、净水、智能家居让生活更舒适便捷。

163

李杨

年度优秀设计作品
优秀奖

获奖项目/Winning Project

初见

设计说明/Design Illustration

选择一种生活跟买鞋不一样，甚至跟你自己是什么样的人关系也不大。过日子的意义在于抱团，和另一个人身上的你自己抱团，还需要墙壁、碗橱、餐具抽屉等，来帮助你知道各种东西都放在哪里。现代的城市不仅带给我们先进时尚的生活，同时高速的发展及快节奏的生活状态让大家感受到一种无形的压力和紧张的气氛。城市，一座钢筋水泥的庞然大物像一个巨大的磁铁束缚着我们，将新鲜的空气、草地和阳光与我们隔离开来，于是便想到了挣脱，开始四处奔跑旅行寻求释放与解脱，寻求的过程变得疲惫艰辛。让自然重返城市，让自然的脚步走进生活是我们工作者的追求与向往。本案将现代自由的生活方式与原生态元素相结合，着重体现时尚、自由、健康的生活方式。

侯 静 年度优秀设计作品
优秀奖

获奖项目/Winning Project

清影

设计说明/Design Illustration

本案设计风格属于现代中式，以中式元素展现现代国人的生活格调，以现代的手法呈现传统的中式装饰。设计师透过简约的线条、精致的空间塑造出一个人与自然交互的居家情境。装饰部分采用柔和浅淡的色调与温润的质感给人一种淳朴、静谧的美感，透着一股淡然的禅意，让人身临其境不禁有一种静心之意。同时通过各种柜体的几何形状，线条划分，来增强空间的层次感及体现空间的细腻美感。在一个简约，利落的空间中，赋予丰富的场景情境，现代气息铺陈而出，又如同一个人一般充满故事，值得研读与品味。加缪曾经说过，"追求原因是想象力的敌人，有时候你要把那些因果抛在一边，仅仅为美而设计"。没有人可以定义空间该有的样子是什么，而设计师一直在尝试空间该有的可能性是什么，这种可能性是从设计师不断的尝试和变革中，慢慢呈现出来的。

苏宏博
年度优秀设计作品
优秀奖

获奖项目/Winning Project

小确幸

设计说明/Design Illustration

生活已足够复杂，家只需简简单单，每天奔波在外，面对着大千世界的喧哗与躁动，从踏入家门的那一刻起简单的温暖瞬间填满整个身体。墙面空间，唯空见性，我们都相信时间是空间的第二缔造者，为时间留有余地。规整的空间用最朴实的手法，通过柜子以切割和悬挑的方式从中打破，感受空间的自由与发散。无主灯设计，点光源与氛围光源结合，摒弃无用之繁琐，舒适不张扬。我们期待未来岁月中激荡出的熟糯温润，纯色墙面与时光形成的绝妙调和感，内里洁净、宁静，同时又生机勃勃。所谓"小确幸"，很大程度上是对待生活的一种仪式感，在这套作品中简约风格里融入了日式璞真的元素，在体味多元化都市的纷繁过后，更多的了解一贯以认真有趣的态度。对待生活里看似无趣小事的 90 后男孩想要的舒适之家。

李 岩
年度优秀设计作品
优秀奖

获奖项目/Winning Project

繁彩·骏图

设计说明/Design Illustration

业主是一对年轻时尚夫妇，喜欢低调奢华、充满生活气息的品质，同时喜欢美式的线条和家具的体感。本户型的流线较为简单、实用，空间较大，采光十分充分，落地阳台窗让空间更明亮、开阔。原户型次卧的空间不够明确，在设计中将次卧的门与主卧的门设计成双开门，更具仪式感。功能上，客餐厅保留原有空间结构，保留西厨区域使公共空间通透明亮，保证采光与通风最大化，主卧设计衣帽柜，增加储藏，整个空间布局合理，功能齐全。效果上，以美式轻奢为主，以马的造型元素及皮革的中性色调为主，用色彩的纯度传递细腻的质感。造型简洁，线条流畅的家具组合搭配，营造出稳定、协调、温馨的空间感受，满足现代年轻家庭的轻奢需求。没有过于抢眼的造型，亦没有丰富色彩的叠加，却在细节处流露出精致的生活情调。

李 斌

年度优秀设计作品

优秀奖

获奖项目/Winning Project

湖城大境 8 号地

设计说明/Design Illustration

人们开始摒弃繁缛豪华的装修，力求拥有一种自然而简约的居室空间，简约的风格脱离了中式或欧式的繁琐，温馨而富于现代感。本案设计师手法简洁，配色力求找回大自然的颜色，使空间轻松自在，向往自然。简单的木色，色块的拼接，沉稳大方，不奢华，又不失品位，设计师对生活细节的细心感悟，生动细腻地表达在空间的每一个角落，即使是平凡的小户型，也一样精彩无限。以烟灰色作为客厅主色调，加以黑色斜纹地毯作为点缀，整体空间庄重素雅。黄色沙发给人轻快、活力的感觉，在黑白灰的空间中十分引人注目，丰富了视觉层次感，让家居氛围变得活泼俏皮。家是一座充满爱的房子。即便豪华也不失温情，即便朴素，也有美丽的憧憬。听，笑语欢声；看，和乐融融；闻，饭香四溢；品，五味心情，所有的感观都甜蜜温馨。

宋素雁

年度优秀设计作品
优秀奖

获奖项目/Winning Project

居住舒适家

设计说明/Design Illustration

美式风格家居就如同美国独立精神一般，讲究通过生活经历去累积自己对艺术的启发，以及独特的品味喜好，从中摸索出对空间的美学展现。例如，我们经常可以在纯正的美式电影里发现美式家居的痕迹，房间角落里摆放的家人照片，阳台上种满植物的小小花园，全家围坐、相谈甚欢的开放式厨房，以及能够拂去一切疲倦的大大的浴缸。美式家居不仅是一种风格，更是一种乐观向上的生活态度。本案力求为客户还原一幅美式恬淡简单的田园生活画面，原木的肌理、仿古的地砖、做旧的家具……木饰面与石材的融汇，恰到好处，又不失历史的厚重感。客厅以高级的灰色为主基调，低调而内敛，彰显主人的待客之道；起居室则选用温馨舒适的淡绿色，营造轻松、愉悦的生活氛围。

周昆

年度优秀设计作品
优秀奖

获奖项目/Winning Project

鸿基紫韵

设计说明/Design Illustration

本案设计为现代简约风格，简约是一种生活方式，选择简约就是选择了一种对生活的态度。如今都市生活节奏快，工作压力大，希望在家里彻底放松身心，享受生活。简约主义所崇尚的正是通过流动的线条、质感的材料及整体协调的搭配，让人在日趋繁忙的生活中，得到一种能以简洁和纯净来调节转换，彻底放松的精神空间。原户型比较周正，空间规划在保留原有布局结构的基础上，仅进行少许位置的优化调整。厨房外的西厨中岛既是简餐餐桌，又是一家人一同烘焙美食的备餐区，让家人间增进情感的交流与互动。由于家中经常有客人拜访，客房榻榻米的设计，日常作为聊天的休闲区域，晚间作为休息的床榻使用，配套的客卫进行干湿分区处理，大大提升宾至如归的体验感受。

徐 景

年度优秀设计作品
优秀奖

获奖项目/Winning Project

木色倾然

设计说明/Design Illustration

设计风格依照业主喜好，采用现代简约风格，遵循点线面的基本构成准则，在软装色彩方面大面积采用了暖色调，配以部分冷色调，使整体空间层次分明、清新自然。客厅木色与白色搭配，木色为主调彰显自然，白色穿插显示明亮，施以点点亮色点缀。现代风格注重材质与造型简洁的特点在本案中也应用到位，墙面采用木皮板与白色石材相结合，家具均采用实木、布艺、石材，无繁复造型，且功能性十足。空间以主灯为基础照明，射灯壁灯重点突出装饰画及材质，局部线性灯烘托的灯光设计手法。大幅落地装饰画，为整个客厅空间铺垫了现代基调，增添了一点摩登与不拘。餐厅讲究功能为主，合理利用入户过道空间，以鞋帽柜、餐边柜和陈列柜组合的形式，完善整体空间功能。选用高雅的大理石台面餐桌，便于后期的打理。

熊 芳

年度优秀设计作品
优秀奖

获奖项目/Winning Project

蓝色之恋

设计说明/Design Illustration

本案定义为"蓝色之恋"的简美式风格，空间纯净、时尚、有质感，每一个角落都精致刻画，有条不紊。过道尽头的端景柜上精致的装饰品，时尚又富有格调，搭配绚丽的挂画，让人有种眼前一亮的视觉冲击力。客厅地面通铺暖灰色地砖，纹理疏密有致，色泽干净，大面积清透的灰蓝色墙面与白色线条的组合，自然与洁净的碰撞，尽显空间的品味与格调。餐桌整体颜色和客厅一致，整个空间高雅而不失格调，三餐四季，不负昭华。厨房一眼望去，规整、干净，哑光的白色橱柜门板，有种心神怡宁的优雅洁净感。卧室在白色搭配咖啡色木质的基调上，增添了柔和优雅的灰蓝色，让就寝更加温馨好眠。临近主卫旁，给女业主设计了专属于她的独立的衣帽间，满足家庭储物需求的同时，也极大程度上满足了女主人雅致、尊贵的生活品质要求。

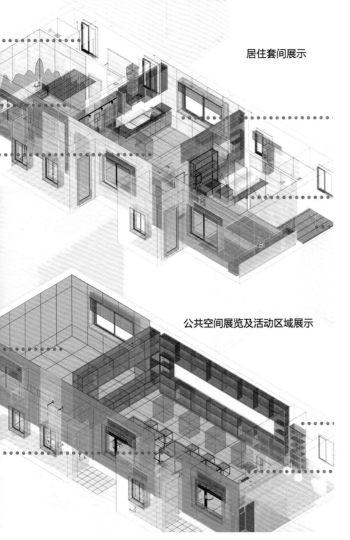

居住套间展示

公共空间展览及活动区域展示

马宇萌 年度新锐设计奖
学生组
乌云塔拉、魏懋榕

获奖项目/Winning Project

"阿尔山房"建筑环境设计

设计说明/Design Illustration

阿尔山房民宿环境设计课题，通过实地踏勘及对既有建筑改造装配式设计建造技术与实例的调查与研究，运用装配式技术完成民宿环境设计，实现绿色营造的目标，探索以生态优先、绿色发展的新路径，保护绿色屏障的战略目标。本项目将室内设计装配化与民宿建筑进行结合，在满足使用功能的同时突出室内设计的装配化，同时解决阿尔山地区因严寒而产生的保温问题。项目以当地自然环境为依托，将当地自然环境进行抽象化的概念提取应用于设计中。利用装配式手段塑造室内效果，并且将民宿设计与展览展示设计相结合，使建筑室内使用空间具有多功能性，将当地非遗文化产品融入游客住宿空间，为人们接触及了解当地非遗产品提供平台，满足当地居民手工产品创收的经济需求。

全息投影
蒙古包框架区域

卧室与公共起居室

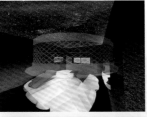

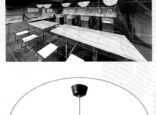

宜家勒纳普吊灯
603.995,58

崔雨晨
赵佳慧、柴鑫

年度新锐设计奖
学生组

获奖项目/Winning Project

雄安设计中心"零碳展览馆"环境设计

设计说明/Design Illustration

零碳展示馆位于雄安设计中心西南角，东临设计中心正门，南临奥威路。雄安设计中心零碳建筑展示馆环境设计课题，通过开题对雄安新区建筑室内及既有建筑装配式技术应用进行实地调研，走访收集大量建筑室内装配式技术和材料。在校企导师指导下，将装配式技术应用于雄安设计中心零碳建筑展示馆的展示设计中，设计实现了绿色营造的主题，科普了装配式设计建造的理论与实践相结合的知识，拓展了眼界。装配式建筑是用预制部件在工地装配而成的建筑，发展装配式建筑是建造方式的重大变革，是我国当前推进供给侧结构性改革和新型城镇化发展的重要举措，有利于节约能源资源、减少施工污染、提升劳动生产效率和质量安全水平，有利于促进建筑业与信息化工业化深度融合，是培育新产业新动能，推动、化解过剩产能。

詹 强

年度新锐设计奖
学生组

黄曼姝、王萌、周宽

获奖项目/Winning Project

90后的理想家小户型租赁住宅装配化设计
———深圳"城中村"住宅改造

设计说明/Design Illustration

本项目以深圳城中村租赁住宅为背景，针对深圳市南山区白石洲村的37号农民房进行设计改造。探讨小面积住宅单元如何实现私密性、舒适性和灵活性，以及内部装饰与空间、家具、部品、机电等多个领域相整合的装配化设计，从而达到节约材料和施工周期的绿色营造目的。同时针对小户型租赁住宅的使用需求，着重在空间光环境方面进行改造。采用日光模拟软件对立面以及室内光环境条件进行评估，并结合小户型租赁住宅各空间使用特点，分析视觉需求及光照需求，提出重要使用空间和家具部品一体化的照明设计策略。

RED CR
DESIGNE

RED CREATIVITY
DESIGN AWARD

红创奖设计大赛

EATIVITY
R GLORY

红创荣耀

2019 对于红创奖是不寻常的一年，而对于中国意义更加深远，我们迎来祖国 70 年的华诞。站在时代中的"红创奖"开启年度荣耀时刻。红创奖是荣耀，是对每个设计师才华与智慧的肯定，是他们设计之路上的闪光点。"红创奖"不仅仅是荣耀，它也是我们共创下一个辉煌的出发点，是中国家装设计走向世界的决心！

DESIGNER DIRECTORY

2019红创奖年度获奖名录

每一份坚守的背后，都是热爱与担当。每一个肯定和认可，都是一份欣慰的奖赏。努力不仅是为了获得那座象征荣誉的奖杯，还有那不灭的梦想。红创奖，为新生代设计师搭建绽放自我的梦想舞台。这些展露锋芒的设计才俊们，带着他们对设计的热忱，以王者的姿态，站上红创奖的年度领奖台上，印刻下属于自己的红创时刻。荣誉属于过去，奖项只是起点。沉甸甸的荣誉是前行的印证，也将鞭策着设计人继续前行。愿每一位红创奖的获奖者，都能怀揣对设计的虔诚初心，踏梦前行，用设计点亮生活，把设计的美好传递给更多的人。

特别贡献奖

他们用负责的态度，寻找中国好设计，为设计界寻找新生力量。他们是极具影响力的设计人物，以责任为己任，担当行业与社会责任，坚守中国设计的核心价值，引领并带动中国室内设计的持续、健康发展。

梁建国

吕永中

陈静勇

梁雯

覃思

毕达宁

袁欣

周杰

姜喜龙

胡艳力

至尊奖

为美好设计加冕，见证设计新力量。作为红创奖的至高荣誉，从千名设计师中诞生的红创至尊大奖，必将成为引领中国家装设计的新风尚，缔造家居设计新高度。

住宅组
北京地区
赵庭辉

住宅组
北京地区
姜兵兵

住宅组
武汉
侯运华

商业组·武汉意庐万象建筑装饰
武汉
付筱钧

商业组·淀川室内设计咨询
上海
王皓

年度最佳设计单项金奖

此奖项旨在表彰在设计表达方面有独特诠释的作品。特设氛围营造、装饰艺术、人文关怀、生活意趣、功能收纳、质简空间等不同维度的单项金奖。

装饰艺术
郑州
邵天鹏

氛围营造
南京
姚渊明

人文关怀
温州
潘文峰

生活意趣
石家庄
王伟明

功能收纳
上海地区
陈海洋

质简空间
宁波
孙纳

年度最佳设计作品奖（风尚）

该奖项旨在众多设计精品中挑选出最为夺人眼球的作品，让空间以艺术的形式，讲述空间故事，演绎动人风情。

北京地区
李江维

南京
胡健

南京
沈彤

南京
孙权

杭州
杨王羽

杭州
张曙峰

杭州
俞国强

郑州
邵许

天津
杨旭

上海地区
冯耀彬

温州
许晓娟

年度最佳设计作品奖（空间创意）

该奖项旨在众多设计精品中挑选出在空间改造上最为创意的作品,通过对原始格局的优化改造使得空间完美贴合居者需求。

北京地区
商儒男

北京地区
陈刚

武汉
张华

郑州
雷文龙

南京
李如华

沈阳
唐圣

长沙
周赞

年度最佳设计作品奖（生活方式）

该奖项旨在从众多设计精品中挑选出最为贴心的作品，既能满足阳春白雪的精神追求，也能容纳柴米油盐的繁杂，传达和美的生活方式。

北京地区
彭元俊

南京
张春云

南京
张宁

南京
王金涛

南京
朱承兵

南京
徐国军

成都
程心宇

长沙
毛伟平

青岛
咸伟

沈阳
王芝明

年度优秀设计作品奖

该奖项旨在甄选年度优秀的设计精品。参赛作品经过内部和外部的技术、设计、学术不同领域的专家综合评议后，优中选优，评选年度优秀设计佳作。

北京地区
田亮泽

北京地区
孟庆彬

北京地区
王悠杨

北京地区
吴实权

北京地区
左磊

西安
宋素雁

西安
徐景

西安
熊芳

西安
周昆

西安
李杨

西安
李岩

西安
苏宏博

西安
李斌

西安
侯静

成都
郭平

成都
薛林

成都
邓运路

宁波
史峰

宁波
胡蒙

宁波
岑妙央

宁波
朱文渊

宁波
张城

天津
张俊熙

天津
牛伟华

武汉
陈斌

武汉
夏超

武汉
陈真龙

佛山
王建锋

佛山
刘会娇

无锡
张俊杰

东莞
李杰

郑州
李辽

苏州
李燕

温州
李小玲

南通
滕旭

杭州
余渊

杭州
成文祥

杭州
惠晓飞

杭州
安玺诺

杭州
金鑫

南京
尹浩凯

南京
潘攀

南京
萧莉

长沙
吴极

长沙
晏宏波

长沙
李宜阳

长沙
曾蓉

长沙
李佳

青岛
宋小华

长春
黄仁杰

太原
陈卫丽

太原
王冰

太原
齐亚民

太原
孙吉

太原
胡浩泽

太原
王涛

🎯 区域最佳人气奖

北京赛区 / 东北、华北赛区 / 华东赛区 / 江浙赛区 / 西北赛区 / 华中赛区 / 华南赛区 7 大赛区分别线上投票总票数排名第一。

北京地区
侯永生

青岛
杨琳

深圳
傅川

石家庄
王敬咚

武汉
陈真龙

南京
金伯泉

西安
冯庆杰

红创入围奖

千余套作品中，经过评委的初步评选，凭借完整的设计表达和特色的创意思维脱颖而出，入围红创奖。

北京地区	侯永生	成都	高微微	南京	周莉莉	青岛	王磊	石家庄	杨蕙嘉	温州	董煌群
北京地区	廖磊	大连	张昊恩、于海燕	南京	张连涛	青岛	苏华瑜	石家庄	晏素革	温州	陈晓丹
北京地区	曹智慧	大连	王虹	南京	尹友明	青岛	时伟	石家庄	徐倩	无锡	朱小坤
北京地区	齐晓勇	大连	苗畅达	南京	席前惠	青岛	李莉	石家庄	吴贵峰	无锡	路翟
北京地区	阮小伟	大连	侯维思	南京	王军	青岛	靖秋叶	石家庄	王敬咚	无锡	张宁
北京地区	张珣	东莞	朱坤	南京	王成湘	上海地区	仲崇铜	石家庄	司常旺	武汉	赵俊
北京地区	赵秋红	东莞	徐宏	南京	田黎明	上海地区	张欣	石家庄	吕忠敏	武汉	王晞
北京地区	庞捷	东莞	郝钊	南京	卢志鹏	上海地区	杨武	石家庄	李志龙	武汉	卢琴
北京地区	陈晨	佛山	张建凯	南京	刘聿超	上海地区	颜义	石家庄	李士峰	武汉	崔娓娓
北京地区	褚庆稿	佛山	袁纯静	南京	李巧燕	上海地区	阎婷	石家庄	陈泓	西安	邹玮
北京地区	王钰	佛山	问利锋	南京	乐青山	上海地区	李长明	石家庄	徐玲	西安	张静
北京地区	魏娟	佛山	雷文瑞	南京	金伯泉	上海地区	葛斌	苏州	朱立	西安	张冬娟
北京地区	张忠辉	福州	王静	南京	何启霖	上海地区	蔡梦	苏州	仲慧丽	西安	吴霄
北京地区	邵英鹏	福州	马腾飞	南京	顾威	上海地区	闫军	苏州	张子红	西安	孙巍
北京地区	张圆	福州	林惠婷	南京	陈瑞	深圳地区	余军	苏州	杨洋	西安	马硕
北京地区	张晨	杭州	忻立明	南京	魏坤	深圳地区	刘杰宁	苏州	卢月	西安	李圆圆
北京地区	王尚晨	杭州	王文杰	南宁	夏永滨	深圳地区	李莎莎	苏州	刘静	西安	康飞
北京地区	佘立业	杭州	孙雨龙	南宁	潘扬	深圳地区	傅川	苏州	栗燕龙	西安	郝天泽
北京地区	刘云龙	杭州	钱浙明	南宁	何日玻	深圳地区	陈明武	苏州	胡浩祥	西安	冯庆杰
北京地区	李非	合肥	朱冬冬	南通	李高杰	深圳地区	郝柏林	苏州	韩翰乾	长沙	易超
北京地区	雷铭	金华	应俊鹏	宁波	朱笛侠	沈阳	赵恒立	天津	王美	长沙	彭小浠
北京地区	付清娟	金华	徐莉	宁波	俞伟锋	沈阳	张猛	天津	李文雅	郑州	赵宇
北京地区	方坤	金华	吴振阳	宁波	谢尚强	沈阳	张和曦	天津	侯永峰	郑州	张予
北京地区	白亚宁	金华	欧阳桂波	宁波	吴丁来	沈阳	杨勇	天津	程冠军	郑州	张怡
北京地区	周光勇	金华	李娟	宁波	沈津如	沈阳	杨舒涵	温州	王贤概	郑州	张健
北京地区	部亚维	金华	侯岩伟	宁波	马超男	沈阳	杨桦	温州	王森	郑州	张海涛
北京地区	魏子豪	昆明	杨春明	宁波	陆云	沈阳	王海东	温州	汤李亮	郑州	宋辉
成都	张毅	昆明	胡家生	宁波	崔博悦	沈阳	韩艺薇	温州	林玮	郑州	秦龙
成都	吴天会	兰州	王凯	青岛	郑明良	石家庄	赵坤	温州	林洁	郑州	李圆理
成都	吴波	兰州	马娟	青岛	杨琳	石家庄	赵楠	温州	蓝雨	郑州	李星科
成都	刘争争	兰州	吕恒涛	青岛	肖连朋	石家庄	张文龙	温州	冯世游	重庆	刘强

商业组年度设计奖

该奖旨在甄选具有前瞻性、创新性、独特性、引领性；具备空间美学高度，引领美学新价值观；融合时代精神和历史文脉的年度优秀的商业空间设计作品。

年度最佳设计作品

上海平仄室内设计事务所	谭建波

年度优秀设计作品

山西东易园装饰工程有限公司	杜士文	上海域菲装饰设计工程有限公司	阮菲
现代建筑设计集团	闵而尼	钟行建室内设计师事务所	钟行建
后象设计师事务所	刘娜	上海平仄室内设计事务所	蒋佩
KD 室内设计重庆恺邸装饰设计有限公司	张虎	GP design 上槑设计	于是
烟台自然空间设计	朱磊	广州市本则设计有限公司	梁智德
一同创意集团	朱海博	上海平仄室内设计事务所	郑洲
F Space Design F Space Design	方飞	成都易景睿创建筑装饰设计有限公司	钟其明
后象设计师事务所	余微微	妙物（中国）空间设计研究机构	周佳
妙物空间设计研究机构	汪超峰	妙物空间设计研究机构	汪超峰

年度新锐设计奖

该奖项为红创奖新增项目，2019 年红创奖携手中国建筑学会"室内设计 6+"联合毕业设计专业教育创新项目。旨在表彰设计院校的青年设计人才，鼓励初入设计行业的新锐力量。

年度新锐最具创意奖

同济大学	詹强 / 黄曼姝 / 周宽 / 王萌

年度新锐最具潜力奖

北京建筑大学	崔雨晨 / 赵佳慧 / 柴鑫

年度新锐最具表现奖

北京建筑大学	马宇萌 / 乌云塔拉 / 魏懋榕

最佳毕业设计奖

同济大学	华立媛 / 佐藤辉明 / 肖晓溪 / 王安琪
浙江工业大学	范诗意 / 陈格
哈尔滨工业大学	谢雨萱 / 张睿 / 洪汉森 / 段然

优秀毕业设计奖

南京艺术学院	陈涛 / 李艺蓓 / 叶子萱 / 李赟
南京艺术学院	王紫荆 / 王紫薇 / 朱一丰 / 高榕泽
西安建筑科技大学	种煜坤 / 李丰 / 原梦 / 候苗苗
西安建筑科技大学	邓莹 / 于硕 / 麦世星 / 秦志远
哈尔滨工业大学	林慧颖 / 王祺叡 / 秦卫杰 / 李博扬
浙江工业大学	沈令逸 / 张毅津
华南理工大学	典超华 / 黄皓庭

最受设计师喜爱品牌奖

好品牌，让人不得不爱。本奖项旨在表彰贴近市场、满足日益增长的个性化、多样化大众消费需求的品质产品

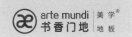

東易日盛装饰
装饰美好空间 筑就幸福生活

× 红创奖 RED CREATIVITY

RED CREATIVITY
DESIGN COMPETITION

红创奖
设计大赛

中国·北京

征集报名正式启动！
START SIGNING UP

东易日盛

2020

红创奖

关注公众号
获取参赛要求

《2019红创奖设计年鉴》编委会

主编单位	东易日盛家居装饰集团股份有限公司
主编部门	专业提升中心·设计师提升部
名誉主编	孔　毓　孙仲欣
顾　问	孙仲欣
主　编	赵　颖
执行主编	史　岚
美术编辑	王旭浩
编　委	薛静波　张文静

捕捉潮流资讯 **畅享设计灵感**
分享设计案例 **尽在东易设计圈**

电话　010-58637697
E-MAIT　DYRSSJSTS@126.COM
网址　WWW.DYRS.COM